水利水电量和单位实用手册

主　编　马素萍
副主编　吴　剑　王德鸿

·北京·

内 容 提 要

本书由正文、附录和索引三部分组成。正文第一部分为概述，包括SL 2—2014《水利水电量和单位》基本情况和标准修订内容；第二部分为水利水电通用量、专业量和单位，包括SL 2—2014中收录的水利水电通用量和单位以及水利水电专业量和单位；第三部分为水利水电扩充量，包括标准编制过程中收集的其他物理量、派生量和衍生量。附录包括《水利技术标准体系表》框架结构和常用单位换算系数表。

本书可供水利水电工程技术人员，以及广大科技人员参考使用。

图书在版编目（CIP）数据

水利水电量和单位实用手册 / 马素萍主编. -- 北京：中国水利水电出版社，2015.3
ISBN 978-7-5170-3030-0

Ⅰ. ①水… Ⅱ. ①马… Ⅲ. ①水利水电工程—单位制—手册 Ⅳ. ①TV-62

中国版本图书馆CIP数据核字(2015)第048079号

书　　名	水利水电量和单位实用手册 SHUILI SHUIDIAN LIANG HE DANWEI SHIYONG SHOUCE
作　　者	主　编　马素萍 副主编　吴　剑　王德鸿
出版发行	中国水利水电出版社 （北京市海淀区玉渊潭南路1号D座　100038） 网址：www.waterpub.com.cn E-mail：sales@waterpub.com.cn 电话：(010) 68367658（营销中心）
经　　售	北京科水图书销售中心（零售） 电话：(010) 88383994、63202643、68545874 全国各地新华书店和相关出版物销售网点
排　　版	中国水利水电出版社微机排版中心
印　　刷	北京合众伟业印刷有限公司
规　　格	140mm×203mm　32开本　5印张　220千字
版　　次	2015年3月第1版　2015年3月第1次印刷
印　　数	0001—2000册
定　　价	**20.00**元

前言

为统一水利水电技术领域的量和单位，适应国内与国际科技交流的需要，根据《中华人民共和国计量法》的规定，1998年水利部制定发布了SL 2.1—98《水利水电量、单位及符号的一般原则》、SL 2.2—98《水利水电通用量和单位》、SL 2.3—98《水利水电专业量和单位》。SL 2.1～2.3—98的颁布，为水利行业推广国家法定计量单位以及规范量和单位的使用发挥了积极作用。为进一步优化整合水利技术标准，按照水利部标准化主管部门的要求，中国水利学会、中国水利水电出版社和中国水利水电科学研究院对SL 2.1～2.3—98进行修订，并将其合并为SL 2—2014《水利水电量和单位》，于2014年10月正式发布实施。本次修订是在总结多年来水利水电量和单位使用情况的基础上，充分吸收水利科技和水利学科发展的新成果，对水利水电量和单位进行的一次全面梳理和优化；删除了部分常识性的基础量以及显见的派生量；增加了部分体现水利科技进步以及涉及安全、环保、资源和能源节约等方面的量和单位。

水利水电量和单位内容广泛，涉及专业门类众多，为更好地指导广大读者准确运用本标准，SL 2—2014编制组组织编写了《水利水电量和单位实用手册》（以下简称《手册》）。《手册》主要介绍了SL 2—2014标准标准编制依据、标准量选入原则，以及新版标准中量和单位的增减情况及其依据。此外，标准编制过程中，编制组查阅了《中国水利百科全书（第二版）》《水工设计手册（第2版）》以及相关国家标准，收集了大量的物理量、派生量和衍生量，这些量对水利水电科技工作有较好的参考作用，但按照标准量选入原则未列入SL 2—2014，《手册》将其整理收集，供读者参考使用。

《手册》由正文、附录和索引三部分组成，正文第一部分为概述，包括SL 2—2014《水利水电量和单位》基本情况和标准修订内容；第二部分为水利水电通用量、专业量和单位，包括SL 2—2014中收录的水利水电通用量和单位以及水利水电专业量和单位；第三部分为水利水电扩充量，包括标准编制过程中收集的其他物理量、派生量和衍生量。附录包括《水利技术标准体系表》框架结构和常用单位换算系数表。

为方便读者使用，《手册》还编制了水利水电量和单位索引，包括中文索引和英文索引。其中中文索引按照汉语拼音字母顺序进行编排，英文索引按照拉丁字母顺序进行编排。

《手册》由马素萍任主编，吴剑、王德鸿任副主编。按内容顺序，参加本书编写的人员有吴剑（第一部分）、马素萍（第二部分第一节）、王德鸿（第二部分第二节、第二部分第三节、中文索引）、穆恩良（第三部分第一节）、陈昊（第三部分第二节）、李建国（附录第一节）、王启（附录第二节、英文索引）。全书由马素萍、吴剑统稿。本书在编写过程中，得到了中国水利学会、中国水利水电科学研究院和中国水利水电出版社有关领导和同志的大力支持，在此表示感谢。

水利水电量与单位量大面广，编撰工作具有一定难度，加上时间仓促，限于编者理论水平和经验，不妥之处，敬请广大读者批评指正。

编者

2014年12月

目 录

前言

第一部分　概述 …… 1

一、基本情况 …… 1

二、标准修订内容 …… 3

第二部分　水利水电通用量、专业量和单位 …… 5

一、使用说明 …… 5

二、水利水电通用量和单位 …… 6

三、水利水电专业量和单位 …… 16

第三部分　水利水电扩充量 …… 37

一、水利水电通用量和单位（扩充） …… 38

二、水利水电专业量和单位（扩充） …… 71

附录 …… 108

一、《水利技术标准体系表》框架结构 …… 108

二、常用单位换算系数表 …… 111

索引 …… 129

一、中文索引 …… 129

二、英文索引 …… 141

第一部分　概　　述

一、基本情况

水利行业标准 SL 2.1—98《水利水电量、单位及符号的一般原则》、SL 2.2—98《水利水电通用量和单位》、SL 2.3—98《水利水电专业量和单位》是水利水电行业的基础标准，在水利水电行业推广国家法定计量单位以及规范量和单位的使用方面发挥了积极的作用，并得到普遍使用。近年来，随着科技的迅猛发展，大量新技术、新产品、新工艺、新材料在水利水电行业得到了广泛应用。新技术、新领域涉及的量和单位也在水利水电行业中大量使用，现行的水利水电量、单位及符号已不能满足水利科技工作的需要。特别是信息科学和技术中的常用量和单位有了新的变化，在水文信息、监控系统建设等新兴领域和技术更新较快领域有了新的应用。为保持标准的科学性、权威性，统一和规范水利水电技术领域的量和单位，适应国内与国际技术交流的需要，需要对水利水电法定计量单位进行完善，对水利水电出版物数字用法进行进一步规范，对水利水电量和单位的定义进行专业校核。按照水利部水利行业标准制修订计划安排，在总结多年来水利水电量和单位使用实践的基础上，通过广泛调查我国水利水电行业量和单位相关技术资料，根据近年来水利水电技术进步与发展的现状，对 SL 2.1～2.3—98 的内容进行补充、删减和修改，并将其合并为 SL 2—2014《水利水电量和单位》，于 2014 年 10 月经水利部批准正式发布实施。

SL 2.1～2.3—98 分为三项分标准，其中 SL 2.2 和 SL 2.3

的框架结构完全相同。修订 SL 2.1～2.3 最大的特点是在总体上改变了标准的框架结构，将三项分标准合并为一。这种改变既方便了实际应用，同时也避免了三项分标准在体例上的一些不必要的重复。修订后的标准增加了部分体现水利科技进步以及涉及安全、环保、资源和能源节约等方面的量和单位。编制过程中参考、引用国家有关标准和国际标准化组织（ISO）标准以及相关技术手册和文献。包括以下内容：

GB/T 2900.45—2006　电工术语　水电站水力机械设备

GB/T 2900.61—2008　电工术语　物理和化学

GB 3100　国际单位制及其应用

GB 3101　有关量、单位和符号的一般原则

GB 3102.1　空间和时间的量和单位

GB 3102.2　周期及其有关现象的量和单位

GB 3102.3　力学的量和单位

GB 3102.4　热学的量和单位

GB 3102.5　电学和磁学的量和单位

GB 3102.6　光及有关电磁辐射的量和单位

GB 3102.7　声学的量和单位

GB 3102.8　物理化学和分子物理学的量和单位

GB 3102.9　原子物理学和核物理学的量和单位

GB 3102.10　核反应和电离辐射的量和单位

GB 3102.11　物理科学和技术中使用的数学符号

GB 3102.12　特征数

GB 3102.13　固体物理学的量和单位

GB/T 15835　出版物上数字用法的规定

GB/T 50095—1998　水文基本术语和符号标准

GBJ 132　工程结构基本设计术语和通用符号

SL 26—2012　水利水电工程技术术语

SL 56—2012　农村水利技术术语

SL/Z 376—2007　水利信息化常用术语

ISO 80000-1—2009 Quantities and units-Part 1：General

ISO 80000-2—2009 Quantities and units-Part 2：Mathematical signs and symbols to be used in the natural sciences and technology

《中国水利百科全书（第二版）》，中国水利水电出版社，2006

《水工设计手册（第2版）》，中国水利水电出版社，2011-2014

《国际单位制（SI）（第七版）》，科学出版社，2000

二、标准修订内容

水利水电通用量和水利水电专用量是标准的核心内容，在编制过程中制定了量和单位的收录标准：对不可再拆分的量予以保留；已得到社会公认、形成固定认识、常用的基础量不再收录；体现水利科技进步、治水新思路和新要求的派生量以及涉及安全、环保、资源和能源节约等方面的派生量予以保留，其他派生量删除。

水利水电通用量和水利水电专用量修订原则：

1. 新收录量

（1）考虑到水利水电行业的专业发展以及水利部重点工作使用需求，故对 SL 2.1～2.3—98 中的通用量和专业量进行了增加。如收录了“能量系数”“时间常数”“生态基流”“田间持水量”等；

（2）新收录量主要收集自《中国水利百科全书（第二版）》《水工设计手册（第2版）》中具有成熟、明确定义或计算公式的物理量，以及水利高校教材、最新术语标准等中所定义的物理量。

2. 删除量

（1）非水利水电专业的量和单位：

1）如“细菌总含量”“雪深”“传动比”；

2）按现在国家行业分类，属于风电专业的量，不再收录；

3）环境专业的量、电力专业的量，不再收录。

（2）属术语或科技名词，并不是物理量。如“地震烈度”并不属于量的范畴。

（3）派生量，从字面意义就可理解这个量。如“公共建筑用水量”“水平位移”等。

（4）专业面过于狭窄的量。如“视准轴倾斜角”“干绝热梯度”等。

（5）现已不太常用的量。如“动库容”“排放因数”等。

3. 合并量

量的名称不同，而量的含义相同。如“水泵空（气）蚀比转速”“水泵比转速”“水轮机比转速”三项合并为“比转速”。

4. 派生量

对于水利水电行业特别重要的部分派生量选择列出，其他派生量不予列出。

5. 更名量

对一些量的名称进行规范，如“因数”改为“系数”：动摩擦因数改为动摩擦系数、静摩擦因数改为静摩擦系数、流量因数改为流量系数、摩擦因数改为摩擦系数、耦合因数改为耦合系数、转速因数改为转速系数等。

第二部分　水利水电通用量、专业量和单位

一、使用说明

水利水电通用量，系指水利水电技术领域中的基础学科所使用的主要量、水利水电多个专业共用的量和部分引自 GB 3102.1～13 的国家标准的量。通用量外的为专业量。

通用量和专业量按量的名称音序以表格形式列出，见表 1、表 2。

(1) 多数情况下，每个量只给出了一个名称和一个符号。当一个量给出两个及以上的名称或符号，而又未加区别时，则它们处于同等的地位。

(2) 量的符号，圆括号内的符号为“备用符号”，供在特定情况下主符号以不同意义应用时使用。

(3) 单位名称和单位符号均给出了量的主单位（国际单位制的 SI 单位及国家选定的其他法定计量单位），必要时亦给出了常用的十进倍数或分数单位。

(4) 单位名称中的“［ ］”部分去掉后即为单位简称。

(5) 量的定义只用于识别，并非都是完全的。

表 1、表 2 中只列出了主要量，由主要量派生的量不予列出。派生量的单位应与主要量的单位相同，派生量的符号可由主要量的符号加下标确定。

二、水利水电通用量和单位

表 1　　水利水电通用量和单位名称、符号表

序号	量的名称	英文名称	量的符号	单位名称	单位符号	量　的　定　义
1-1	贝克来数	Peclet number	Pe	—		$Pe = vl/a$ 式中：v 为特征速度；l 为特征长度；a 为热扩散率，$a=\lambda/\rho c_p$
1-2	比表面积，比面积	specific surface	s	平方米每克	m^2/g	散粒状物质单位质量颗粒的总表面积
1-3	比降	slope	S，I，J	—		沿水流方向高程差与水平距离的比值
1-4	表面张力，泊松数	surface tension	γ，σ	牛［顿］每米	N/m	与液体表面内一个线单元垂直的力除以该线单元
1-5	泊松比	Poisson ratio	μ，ν	—		构件受力后横向张缩量除以纵向伸长量
1-6	［动力］黏度	dynamic viscosity	η，μ	帕［斯卡］秒	Pa·s	$Z_{xz}=\eta\frac{dv}{dz}$ 式中：Z_{xz} 为以垂直于切变平面的速度梯度$\frac{dv}{dz}$移动的液体中的切应力

续表

序号	量的名称	英文名称	量的符号	单位名称	单位符号	量的定义
1－7	动［力］弹性模量	dynamic modulus of elasticity	E_d	帕［斯卡］	Pa	用动力法（声波、超声波、地震等方法）测得岩土体等物体中的纵、横波速而间接算得的弹性模量
1－8	动水压力，动水压强	hydrodynamic pressure	p	帕［斯卡］	Pa	流动水体中，一点处单位面积上所受的压力
1－9	冻胀量	frost-heaving capacity	h_f	毫米	mm	土体在冻结过程中的冻胀变形量
1－10	断面平均水深	average depth of cross section	d_m，h_m	米	m	水面下断面面积与其水面宽的比值
1－11	分子扩散系数	coefficient of molecular diffusion	D_m	二次方米每秒	m^2/s	反映流体分子布朗运动引起物质扩散能力的系数。为扩散通量与该方向扩散质浓度梯度的比值：$D_m=\frac{q_i}{\partial c/\partial x_i}$
1－12	弗劳德数	Froude number	Fr	—		$Fr=\frac{v}{\sqrt{lg}}$ 式中：v 为特征速度；g 为重力加速度；l 为特征长度

续表

序号	量的名称	英文名称	量的符号	单位名称	单位符号	量的定义
1-13	附加质量	attached mass	m	千克	kg	使周围流体得到加速度所需要的附加力和物体加速度的比值
1-14	共轭水深	conjugate depth	h_1，h_2	米	m	在平底棱柱形渠槽中，对于某一流量 Q 存在着具有相同的水跃函数的两个水深
1-15	共振频率	resonance frequency	ω_x	赫［兹］	Hz	$\omega_x=\sqrt{1-2\zeta^2}\,\omega_n\approx\omega_n$ 其中 $\omega_n=\sqrt{K/m}$ $\zeta=c/2m\omega_n$ 式中：ω_n 为固有频率；m 为质量；K 为弹簧刚度；ζ 为阻尼率；c 为阻尼系数
1-16	固有频率	base frequency	f_o	赫［兹］	Hz	线性系统主振动的频率。无阻尼多自由度系统做主振动时，各坐标以相同频率做简谐运动
1-17	含沙量	sediment concentration	C_s，S	千克每立方米	kg/m^3	单位体积水体中所含悬移质干沙的质量
1-18	含水率，含水量	moisture content，water centent	w	—		土体中水的质量与土颗粒质量的比值。采用百分数（%）表示

续表

序号	量的名称	英文名称	量的符号	单位名称	单位符号	量的定义
1－19	碱度	alkalinity	C	摩[尔]每立方米，毫克每升	mol/m^3，mg/L	中和 1 L 水（水温为 20 ℃）所需酸的物质的量
1－20	静水压力，静水压强	hydrostatic pressure	$p_{s\omega}$	帕［斯卡］	Pa	$p_{s\omega}=\lim\limits_{\Delta A\to 0}\frac{\Delta P}{\Delta A}$ 式中：ΔP 为作用在静水中，面积为 ΔA 上的总压力
1－21	局部水头损失系数	coefficient of local head loss	ζ	—		$\zeta=\frac{h_j}{v^2/2g}$ 式中：h_j 为局部损失水头；v 为某一特征流速；g 为重力加速度
1－22	柯西数	Cauchy number	Ca	—		$Ca=\rho v^2/E$ 式中：ρ 为物体密度；v 为流速；E 为物体的弹性系数
1－23	库容	storage	V	立方米	m^3	水库的容积
1－24	雷诺数	Reynolds number	Re	—		$Re=\rho v l/\eta=\nu l/v$ 式中：ρ 为密度；v 为特征速度；l 为特征长度；η 为精度；ν 为运动黏度
1－25	雷诺应力	Reynolds stress	τ	帕［斯卡］	Pa	湍流正应力和湍流切应力统称为雷诺应力

续表

序号	量的名称	英文名称	量的符号	单位名称	单位符号	量的定义
1-26	流量	discharge	Q，q	立方米每秒	m^3/s	单位时间内通过某一断面的流体体积
1-27	流量系数	factor of discharge	m	—		过流设备的实际过流量与理论过流量的比值
1-28	流速	flow velocity	v	米每秒	m/s	描述水流质点位置随时间变化的矢量
1-29	流速水头	velocity head	h_v	米	m	单位质量液体的动能
1-30	马赫数	Mach number	Ma	—		$Ma=v/c$ 式中：v 为特征速度；c 为声速
1-31	弥散系数，离散系数	coefficient of dispersion	D_d	二次方米每秒	m^2/s	$D_d=\frac{-q_L}{\partial c/\partial L}$ 式中：q_L 为 L 方向的弥散通量；$\partial c/\partial L$ 为 L 方向的浓度梯度
1-32	摩尔气体常数	molar gas constant	R	焦［耳］每摩［尔］开［尔文］	J/(mol·K)	$R=pV_m/T$ 式中：p 为压强；V_m 为摩尔体积；T 为热力学温度
1-33	能量系数	energy coefficient	E_{nD}	—		$E_{nD}=\frac{E}{n^2D^2}$ 式中：E 为水力比能；n 为转速；D 为转轮直径

续表

序号	量的名称	英文名称	量的符号	单位名称	单位符号	量的定义
1－34	［泥沙］粒径	diameter of sediment	D	毫米	mm	表征泥沙颗粒大小的线性尺度
1－35	欧拉数	Euler number	Eu	—		$Eu=\frac{\Delta p}{\rho v^2}$ 式中：Δp 为压力差；ρ 为密度；v 为特征速度
1－36	耦合系数	coupling factor	k	—		$k=\frac{\lvert L_{mn}\rvert}{\sqrt{L_m L_n}}$
1－37	平均粒径	mean grain size	d_{pj}	毫米	mm	将一组泥沙按粒径大小分成若干组，各粒径组的粒径质量百分比的加权平均值。平均粒径由下式计算： $d_{pj}=\sum_{i=1}^{n}\Delta p_i d_i/\sum_{i=1}^{n}\Delta p_i$ 其中 $d_i=(d_{max}+d_{min})/2$ 或 $d_i=(d_{max}+d_{min}+\sqrt{d_{max}\times d_{min}})/3$ 式中：d_i 为某一粒径组的粒径；Δp_i 为某一粒径组泥沙在全部沙样中所占质量百分比；d_{max}、d_{min} 分别为某一粒径组泥沙上限与下限粒径值

续表

序号	量的名称	英文名称	量的符号	单位名称	单位符号	量的定义
1-38	氢离子指数，酸碱度	hydrogen ion index	pH	—		$pH=-\lg[H^+]$ 式中：H^+ 为水中的氢离子活度
1-39	瑞利数	Rayleigh number	Ra	—		$Ra=\frac{l^3\rho^2 C_p g\alpha\Delta T}{\eta\lambda}=\frac{l^3 g\alpha\Delta T}{\nu a}$ 式中：l 为特征长度；ρ 为密度；C_p 为定压比热容；g 为重力加速度；α 为体胀系数；ΔT 为特征温度差；η 为［动力］黏度；λ 为热导率；ν 为运动黏度；a 为热扩散率
1-40	渗透系数	coefficient of permeability	k	米每日	m/d	水力坡度为 1 时的渗透速度
1-41	时间常数	time constant of an exponentially	τ	秒	s	量保持其初始变化率时达到极限值的时间
1-42	势能，位能	potential energy	E_p，V	焦［耳］，瓦［特］［小］时	J，W·h	$E_p=-\int F\cdot dr$ 式中：F 为保守力；r 为位移
1-43	水头	water head	H	米	m	液体流动时，两点之间单位质量液体所具有的机械能量之差

续表

序号	量的名称	英文名称	量的符号	单位名称	单位符号	量 的 定 义
1-44	水头损失	head loss	h_w	米	m	水流运动中单位质量水体所消耗的机械能量
1-45	水位	stage, water level	Z	米	m	水体自由水面相对于某基面的高程
1-46	水压力，水压强，水的压应力	hydraulic pressure	P	帕［斯卡］	Pa	$P=\lim\limits_{\Delta A\to 0}\frac{\Delta P}{\Delta A}$ 式中：ΔP 为作用于面积 ΔA 上的水压力
1-47	斯特劳哈尔数	Strouhal number	Sr	—		$Sr=lf/v$ 式中：l 为特征长度；f 为特征频率；v 为特征速度
1-48	酸度	acidity	A	摩［尔］每立方米，毫克每升	mol/m^3，mg/L	单位体积水中能与强碱发生中和作用的物质的总量
1-49	体积流量	volume flow	q_V	立方米每秒	m^3/s	体积穿过一个面的速率
1-50	韦伯数	Weber number	We	—		$We=\rho v^2 l/\sigma$ 式中：ρ 为密度；v 为特征速度；l 为特征长度；σ 为表面张力系数

续表

序号	量的名称	英文名称	量的符号	单位名称	单位符号	量的定义
1-51	紊动扩散系数	coefficient of turbulent diffusion	D_t	二次方米每秒	m^2/s	考虑在紊动作用下，物质扩散作用的一个系数 $$D_t=-\frac{q_{ti}}{\partial c/\partial x_i}$$ 式中：q_{ti}为扩散物质的紊动扩散通量；$\partial c/\partial x_i$为i方向的扩散物质浓度梯度
1-52	相对湿度	relative humidity	f_h	—		空气中实有的水汽压与同温度下饱和水汽压的比值
1-53	压力水头，压强水头	pressure head	h_p	米	m	以大气压强为零起点的，以水柱高度表示的单位质量水体的压能
1-54	沿程水头损失	frictional head loss	h_f	米	m	水体流动时，由于边壁表面阻力所引起的水头损失
1-55	运动黏度	kinematic viscosity	ν	二次方米每秒	m^2/s	$$\nu=\eta/\rho$$ 式中：η为动力黏度；ρ为密度
1-56	黏聚力，凝聚力	cohesion	c	帕［斯卡］	Pa	材料内部颗粒胶联产生的抗剪强度，其数值等于$\sigma-\tau$曲线在τ轴上的截距

续表

序号	量的名称	英文名称	量的符号	单位名称	单位符号	量 的 定 义
1-57	质量力	mass force	F_m	牛［顿］	N	作用于水体的每个质点上，与水体质量大小成正比的力
1-58	质量流量	mass flow rate	Q_m，q_m	千克每秒	kg/s	质量穿过一个面的速率
1-59	中值粒径，中数粒径	median diameter	D_{50}	毫米	mm	颗粒级配曲线上级配为50%时的粒径
1-60	转速系数	speed factor	n_{ED}	—		$n_{ED}=\frac{nD}{\sqrt{E}}$ 式中：n 为转速；D 为转轮直径；E 为水力比能
1-61	总水头	total head	H_t	米	m	位置水头、压强水头和流速水头之和
1-62	阻力系数	coefficient of drag	C_f	—		$C_f=\frac{D}{\frac{1}{2}(A\rho u_x^2)}$ 式中：D 为流体绕流物体所受的阻力；ρ 为流体的密度；A 为物体的浸润面积；u_x 为未受干扰的流体流速。采用百分数表示（%）

三、水利水电专业量和单位

表 2　　水利水电专业量和单位名称、符号表

序号	量的名称	英文名称	量的符号	单位名称	单位符号	量的定义
2-1	VC 值	vibrating compacted value	VC	秒	s	碾压混凝土拌和物在规定振动频率及振幅、规定表面压强，振至表面泛浆所需的时间
2-2	比转速	specific speed of hydraulic turbine	n_s	—		几何相似的水轮机，当工作水头为1m，输出功率为1kW时的转速
2-3	边界层厚度	thickness of boundary layer	δ	米	m	紧靠边界壁面流速梯度很大的薄层流体厚度
2-4	表面力	surface force	F_s	牛顿	N	作用于液体表面、与受作用的液体表面积大小成正比的力
2-5	波浪浮托力	wave buoyancy force	P_u	牛［顿］	N	$P_u=\frac{1}{2}\mu b p_d$ 式中：μ 为浮托力分布的折减系数；b 为直墙式建筑物的底宽；p_d 为上墙底处净波压强

续表

序号	量的名称	英文名称	量的符号	单位名称	单位符号	量的定义
2-6	波［浪］能	wave energy	E_w	焦［耳］	J	在一个波周期中单位面积水柱体内的平均动能与平均势能之和
2-7	波压力，浪压力	wave pressure	F_p，f_p	兆帕［斯卡］	MPa	水体波动时作用于水体中某点或固体边界上的压力
2-8	糙率，曼宁系数	roughness	n	—		$n=\frac{1}{v_m}R^{2/3}J^{1/2}$ 式中：v_m 为断面平均流速；R 为水力半径；J 为水力坡度
2-9	侧压力系数	lateral pressure coefficient	k	—		土体在有侧限条件下受压时，其侧向压力与铅直向有效压力的比值
2-10	产沙模数	modulus of sediment yield	S_y	吨每平方千米年	t/(km^2·a)	单位时间内某观测断面以上单位河道面积产生的泥沙量
2-11	承载力系数	bearing capacity coefficient	N_γ	—		当土的内摩擦角为一定值时，土的凝聚力、基础埋深（包括旁侧荷载）和基础宽度对极限荷载的影响程度的系数
2-12	冲刷深度	erosion depth	d_s	米	m	河床被冲最深处与原河床的高差

续表

序号	量的名称	英文名称	量的符号	单位名称	单位符号	量的定义
2-13	重现期	recurrence interval	T	年	a	等于及大于（等于及小于）一定量级的水文要素值出现一次的平均间隔年数，以该量级频率的倒数计
2-14	初生空化系数	incipient cavitation coefficient	σ_i	—		在水轮机转轮叶片表面开始发生空泡时的空化系数
2-15	初损［量］	initial loss	I_0	毫米	mm	产流前损失的降水量
2-16	出逸坡降	gradient of effluent seepage	J_e	—		闸坝下游渗流出口处的水力坡降
2-17	单宽流量	discharge for unit width	q	三次方米每秒米	$m^3/(s \cdot m)$	通过断面某一垂线为中心线的单位宽度过水断面的流量
2-18	单宽输沙率	totalload discharge for unit width	q_s	千克每秒米	$kg/(s \cdot m)$	单位时间内通过单位宽度河床的泥沙质量
2-19	地下水开采模数	modulus of exploited ground water	ε	立方米每平方千米年	$m^3/(km^2 \cdot a)$	单位时间内单位面积开采的地下水量

续表

序号	量的名称	英文名称	量的符号	单位名称	单位符号	量的定义
2-20	地下水临界深度	critical depth of ground water	H_c	米	m	不引起土壤盐碱化的地下水最小埋深
2-21	地下水排水模数	modulus of ground water drainage	Q	立方米每秒平方千米	$m^3/(s \cdot km^2)$	单位时间内从单位面积农田内排出的地下水流量
2-22	地应力	geostress	σ	帕［斯卡］	Pa	岩体在天然状态下所具有的内应力
2-23	电站空化系数	plant cavitation coefficient	σ_p	—		相应于水电站的某个下游水位时的空化系数。 $\sigma_p = (H_b - H_v - H_s)/H$ 式中：H_b 为大气压力水头；H_v 为汽化压力水头；H_s 为吸出高度；H 为工作水头
2-24	凋萎系数	wilting coefficient	θ_w	—		植物由于缺水开始发生永久性枯萎时的土壤含水量。又称凋萎含水率
2-25	动冰压力	dynamic ice pressure	F_i，F_b	千牛［顿］每米	kN/m	大冰块运动作用在铅直的坝面或其他宽长建筑物上的压力
2-26	冻胀力	frost-heaving pressure	F	牛［顿］	N	土体在冻结过程中，因体积膨胀受到约束形成的力

续表

序号	量的名称	英文名称	量的符号	单位名称	单位符号	量的定义
2-27	断面[单位]比能	specific energy in section	E_s	米	m	以明槽过水断面最低点为基准，单位质量液体的势能与动能之和
2-28	[断面]收缩系数	(section) contraction coefficien	ε	—		水流流出孔口后收缩断面与过水断面的比值
2-29	额定水头	rated head	h_n	米	m	水轮机在额定转速下发出额定输出功率时的最低水头
2-30	二次应力	secondary stress	F	帕［斯卡］	Pa	因洞室开挖而引起围岩中重新分布的应力
2-31	防洪限制水位，汛期限制水位	limiting level during flood season	Z_l	米	m	水库在汛期允许兴利蓄水的上限水位
2-32	浮标因数	float factor	K_f	—		流经河渠断面的实际流量与浮标法测得的虚流量的比值。又称浮标系数
2-33	干旱指数	drought index	r	—		年蒸发能力与年降水量的比值
2-34	固结度	degree of consolidation	U，U_t	—		饱和土层或土样在某一荷载下的固结进程中，某一时刻的平均孔隙水压力消散值（或压缩量）与初始孔隙水压力（或最终压缩量）的比值。采用百分数表示（%）

续表

序号	量的名称	英文名称	量的符号	单位名称	单位符号	量的定义
2-35	固结量	settlement due to consolidation	ΔH	毫米	mm	土体由于固结产生的压缩量
2-36	固结系数	coefficient of consolidation	C_c	平方厘米每秒	cm^2/s	反映土固结速率的指标，它与土的渗透系数、体积压缩系数和水的密度有关
2-37	灌溉保证率	dependability of irrigation	P	—		在灌溉设施多年运营期间，灌溉用水量能够得到保证供给的概率，通常以正常供水的年数占总年数的百分数表示（%）
2-38	灌溉定额	irrigation water quota	M_i	立方米每公顷	m^3/hm^2	作物播种前及全生育期内，单位面积的总灌水量
2-39	灌溉水利用率，灌溉水利用系数	water efficiency of irrigation	η_i，η	—		灌入田间可被作物利用的水量与渠首引进的总水量的比值。采用百分数表示（%）
2-40	灌浆压力	grouting pressure	P	帕［斯卡］	Pa	在工程灌浆系统中为使浆液能达到一定裂隙深度而施加的压力值
2-41	灌水定额	irrigating water quota	m	立方米每公顷	m^3/hm^2	单位面积上作物一次灌溉用水量

续表

序号	量的名称	英文名称	量的符号	单位名称	单位符号	量 的 定 义
2-42	灌水率	irrigation modulus	q_n	立方米每秒公顷	$m^3/(s\cdot hm^2)$	单位灌溉面积上的灌溉净流量
2-43	耗水强度	intensity of water consumption	I	立方米	m^3	作物生育阶段的日平均田间需水量
2-44	河相系数	fluvial facies coefficient	ζ	—		河宽与水深的比值。又称宽深比
2-45	混凝土龄期	age of concrete	R_c	日，天	d	混凝土从加水搅拌至达到一定抗压强度的时间
2-46	混凝土徐变度	creep degree of concrete	C	每兆帕［斯卡］	MPa^{-1}	单位应力下混凝土产生的徐变变形
2-47	给水度	specific yield	β	—		单位体积饱和土体在重力作用下，所能释放出来的水的体积，或地下水水位下降单位值时，单位面积地下水水位以上土体所释放的水层厚度。采用百分数表示（%）

续表

序号	量的名称	英文名称	量的符号	单位名称	单位符号	量的定义
2-48	降水量	precipitation	P	毫米	mm	在单位时间内从大气中降落到地表的液态和固态水所折算成的水层深度
2-49	降水强度	intensity of precipitation	I	毫米每秒	mm/s	单位时间内的降水深度
2-50	校核洪水位	check flood level	Z_c	米	m	水库遇大坝校核洪水时在坝前达到的最高水位。又称非常洪水位
2-51	警戒水位	warning stage	Z	米	m	可能造成防洪工程出现险情的河流和其他水体的水位
2-52	径流模数	runoff modulus	M	立方米每秒平方千米	$m^3/(s \cdot km^2)$	单位集水面积所产生的平均流量
2-53	径流深[度]	runoff depth	Y，R	毫米	mm	计算时间内某一过水断面上的径流总量平铺在断面以上流域面积上所得到的水层深度
2-54	径流系数	runoff coefficient	α，f，ϕ	—		单位时间内的径流量与相应时间内降水量的比值

续表

序号	量的名称	英文名称	量的符号	单位名称	单位符号	量的定义
2-55	径污比，稀释比	drainage-waste ratio	R	—		河流径流量与排入的污水量的比值。又称清污比
2-56	静冰压力	static ice pressure	F_{dk}	千牛［顿］每米	kN/m	冰层升温膨胀时，作用于坝面或其他宽长建筑物单位长度上的压力
2-57	抗滑稳定安全系数	safety coefficient against sliding	K	—		标志水工建筑物在荷载作用下抵抗滑动、保持稳定程度的数据指标
2-58	空化系数	cavitation coefficient	σ	—		表征水轮机流道某特定点的空化条件和性能的无量纲数。旧称气蚀系数
2-59	孔隙比	void ratio	e	—		土体中孔隙体积与固体颗粒体积的比值
2-60	孔隙率	porosity	e，ε，ρ	—		土体中孔隙体积与土体总体积的比值。采用百分数表示（%）
2-61	库容系数	regulation storage coefficient	β	—		水库的兴利库容与入库多年平均年径流量的比值

续表

序号	量的名称	英文名称	量的符号	单位名称	单位符号	量的定义
2-62	敏感生态需水量	the sensitive ecological water demand	W	立方米	m^3	维持河湖生态敏感区正常生态功能的需水量
2-63	能[量水]头	energy head	H_e	米	m	单位质量液体所具有的机械能
2-64	排涝模数	drainage modulus	M	立方米每秒平方千米	$m^3/(s \cdot km^2)$	排涝区单位面积上的排水流量
2-65	排渍模数	modulus of subsurface drainage	q	立方米每秒平方千米	$m^3/(s \cdot km^2)$	按设计标准确定的单位面积内排出的地下水流量
2-66	潜在需水量	potential evapotranspiration of crop	Q_w	毫米	mm	在土壤水分充足、作物覆盖茂密条件下的最大可能蒸发蒸腾量
2-67	渠道坡降	gradient of canal	J_c	—		渠道上、下游两断面渠底高差与该渠段水平长度的比值。又称渠道利用系数
2-68	渠道水利用率，渠道水利用系数	water efficiency in canal	η_c，η	—		渠道净流量与毛流量的比值。采用百分数表示（%）

续表

序号	量的名称	英文名称	量的符号	单位名称	单位符号	量的定义
2-69	渠道允许不冲流速	permissible noneroding velocity in canal	$[v]_{ne}$	米每秒	m/s	渠床土粒将移动而尚未移动时的水流临界速度
2-70	渠道允许不淤流速	permissible nonsilting velocity in canal	$[v]_{ns}$	米每秒	m/s	渠道中水流泥沙将沉积而尚未沉积时的水流临界速度
2-71	渠系水利用率，渠系水利用系数	water efficiency in canal system	η_{cs}，η	—		末级固定渠道输出流量（水量）之和与干渠渠首引入流量（水量）的比值，也是各级固定渠道水利用系数的乘积。采用百分数表示（%）
2-72	容许土壤流失量	soil loss tolerance	A_a	吨每平方千米年	t/(km²·a)	根据保持土壤资源及其生产能力而确定的单位时间内土壤流失量上限
2-73	蠕变速率，徐变速率	creep rate	v_c	毫米每日	mm/d	在恒定的有效应力作用下，土体变形随时间变化的快慢程度

续表

序号	量的名称	英文名称	量的符号	单位名称	单位符号	量的定义
2-74	砂率	sand ratio	S_P	—		混凝土中砂的质量与砂、石总质量的百分比（%）
2-75	设计洪水位	design flood level	Z_d	米	m	水库遇大坝的设计洪水时在坝前达到的最高水位
2-76	渗流量	seepage discharge	Q_s，q_s	立方米每秒	m^3/s	单位时间渗流断面的渗透水量。又称渗透量
2-77	生态基流	ecological basic flow	q_b	立方米每秒	m^3/s	为维持河流基本形态和生态功能，防止河道断流，避免河流水生态系统功能遭受无法恢复的破坏的河道内最小流量。旧称生态环境需水量、环境流量
2-78	湿润断面积	wetted area	A，F	平方米	m^2	测验断面的某一水位线与河床线所包围的面积，冰冻期为冰下面积
2-79	湿陷系数	coefficient of collapsibility	δ_s	—		土样在一定的压力作用下，下沉稳定后，土样浸水饱和所产生的附加下沉量与土样原高度之比

续表

序号	量的名称	英文名称	量的符号	单位名称	单位符号	量的定义
2-80	湿周	wetted perimeter	$\chi, P, (f)$	米	m	过水断面上的流体与固体周界接触部分的长度
2-81	输沙量	sediment discharge	W_s	千克 吨	kg t	单位时间内由水流输移通过河道某一过水断面的泥沙总质量
2-82	输沙率	sediment transport rate	Q_s，G_B，G_s	千克每秒	kg/s	单位时间内由水流输移通过河道某一过水断面的泥沙质量
2-83	输沙模数	sediment runoff modulus	M_s	吨每平方千米年	t/(km^2·a)	单位时间内单位集水面积的输沙量
2-84	输移比	delivery ratio	i	—		流域输沙量与土壤侵蚀量的比值
2-85	水泵水力效率	hydraulic efficiency of pump	η_h	—		水泵扬程与理论扬程的比值
2-86	[水泵]吸上真空高度	suction vacuum lift [pump]	h_s	米	m	水泵工作时进口处的真空值
2-87	水环境容量	enviromental capacity of water	W_e	千克每日	kg/d	水体在一定的水环境质量要求下，对排放于其中的污染体所具有的容纳能力

续表

序号	量的名称	英文名称	量的符号	单位名称	单位符号	量的定义
2-88	水灰比	water cement ratio	W/C	—		拌和单位体积混凝土所需的用水量与水泥用量的质量比
2-89	水击波速	water hammer wave speed	a	米每秒	m/s	由水击现象引起的压力波在管道中的传播速度
2-90	水库淤积年限	ultimate life of reservoir	t，T	年	a	水库库容被淤积达到设计极限状态的年限
2-91	水库淤沙量	amount of reservoir deposits	W_s	立方米每年	m^3/a	水库蓄水运用后，单位时间内由于河流挟沙及库岸崩塌而在库区淤积的泥沙体积
2-92	水胶比	water binder ratio	W/B	—		拌和单位体积混凝土所需的用水量与胶凝材料总量的质量比
2-93	水力半径	hydraulic radius	R	米	m	过水断面面积与其湿周的比值
2-94	水力梯度，水力坡降	hydraulic gradient	$S,i,(J)$	—		沿流程单位长度上的水头损失。又称水力坡度
2-95	［水轮机］保证出力	guaranteed output of turbine	P_t	千瓦［特］	kW	水轮机在保证转速和保证水头运行时的输出功率

续表

序号	量的名称	英文名称	量的符号	单位名称	单位符号	量的定义
2-96	水轮机飞逸转速	runaway speed of turbine	n_{run}	转每分	r/min	水轮机失控时轴端负荷力矩为零时的最高转速
2-97	[水轮机]公称直径	nominal diameter of runner	D	米	m	在水轮机转轮上指定部位测定的直径。对混流式，指转轮叶片进水边正面与下环相交处的直径；对轴流式、斜流式和贯流式，指与转轮叶片轴线相交处的转轮室直径；对冲击式，指转轮节圆直径。又称水轮机标称直径
2-98	水轮机空载流量	noload discharge of turbine	Q_e	立方米每秒	m^3/s	水轮机在额定转速和额定水头下，机组输出功率为零时的流量
2-99	水轮机容积效率	volumetric efficiency of turbine	η_V	—		通过水轮机转轮的流量与水轮机引用流量的比值。采用百分数表示（%）
2-100	水轮机水力效率	hydraulic efficiency of turbine	Z_{st}	—		水轮机水头减去其进、出口之间的水力损失后与水轮机水头的比值

续表

序号	量的名称	英文名称	量的符号	单位名称	单位符号	量 的 定 义
2-101	水泥水化热	hydration heat of cement	g_h	焦［尔］每克	J/g	单位质量水泥在水化合凝结硬化过程中所释放的热量
2-102	水位变率	stage fluctuation rate	$\Delta Z/\Delta t$	米每秒	m/s	单位时间内水位的变化量
2-103	水资源总量	total amount of water resources	W	立方米	m^3	当地降水形成的地表和地下产水量，即地表径流量与降水入渗补给量之和
2-104	死库容	dead storage	V_d	立方米	m^3	死水位以下的水库库容
2-105	死水位	dead water level	Z_d	米	m	水库在正常运用情况下允许消落到的最低水位
2-106	塑限	plastic limit	W_P	—		细粒土可塑状态与半固体状态间的界限含水率。采用百分数表示（%）
2-107	塑性指数	plastic index	I_P	—		液限与塑限的差值，去除掉百分号
2-108	缩限	shrinkage limit	W_S	—		饱和黏性土的含水率因干燥减少至土体体积不再变化时的界限含水率。采用百分数表示（%）

续表

序号	量的名称	英文名称	量的符号	单位名称	单位符号	量的定义
2-109	缩性指数	shrinkage index	I_S	—		液限与缩限的差值，去除掉百分号
2-110	坍落度	slump	h	毫米	mm	按规定方法装入标准圆锥筒内的混凝土拌和物在提起筒后所坍落的毫米数
2-111	田间持水量	field moisture capacity	M_m	—		农田土壤单位深度内保持吸湿水、膜状水和毛管悬着水的最大含水量
2-112	田间水利用系数	water use efficiency in field	η	—		灌入田间可被作物利用的水量与末级固定渠道放出水量的比值
2-113	田间需水量	field water requirement	M_r	毫米	mm	在作物全生育期内消耗的作物需水量与田间渗漏量之和。又称田间耗水量
2-114	挑距	jet trajectory length	L	米	m	水流挑射时，自挑离建筑物的出口到下游基岩面高程处水舌落点间的距离
2-115	[调节]库容系数	storage coefficient	β	—		调节库容与坝址断面多年平均年径流量的比值
2-116	土的相对密度	relative density of soil	ρ'	—		无黏性土最大孔隙比与天然孔隙比之差和最大孔隙比与最小隙比之差的比值，反映无黏性土的紧密程度

续表

序号	量的名称	英文名称	量的符号	单位名称	单位符号	量的定义
2-117	土粒比重	specific gravity of soil particle	G_s	—		土颗粒在 105～110 ℃烘至恒量时的质量与同体积 4 ℃纯水质量的比值。也称颗粒密度
2-118	土壤侵蚀模数	soil erosion modulus	E_e	吨每平方千米年	t/(km² · a)	单位时间内单位土地面积上被侵蚀掉的土壤总量
2-119	土壤相对湿度	relative soil moisture	W	—		土壤含水量占田间持水量的比值。采用百分数表示（%）
2-120	紊动剪力	turbulent stress	τ_t	帕［斯卡］	Pa	$\tau_t = -\rho u_i' u_j'$ 式中：ρ 为液体密度；$u_i' u_j'$ 为互相垂直两个方向上的脉动流速
2-121	紊动强度	turbulent intensity	σ_i	—		一个点上脉动流速的均方根与时均流速的比值
2-122	细度模数	fineness modulus	M_X	—		用筛分试验中各号筛的累计筛余百分率的总和除以 100（扣除 5 mm 筛上的筛余）来表示细骨料粗细程度的指标

续表

序号	量的名称	英文名称	量的符号	单位名称	单位符号	量的定义
2-123	下渗容量	infiltration capacity	f_p	毫米每［小］时	mm/h	充分供水条件下土壤水分竖向运动的速度，即最大下渗强度。又称最大下渗率
2-124	谢才系数	Chezy's coefficient	C	二分之一次方米每秒	$m^{1/2}/s$	$C=\frac{v}{\sqrt{RJ}}$ 式中：v 为平均流速；R 为水力半径；J 为水力坡度
2-125	兴利库容	regulating storage	V_r	立方米	m^3	水库正常蓄水位至死水位之间的库容。又称调节库容、有效库容
2-126	兴利水位	beneficial water level	H	米	m	水库在正常运用的情况下，为满足设计的兴利要求在供水期开始时应蓄到的最高水位
2-127	休止角	angle of repose	θ	度	°	无黏性土被堆填成堆，或沿斜坡抛撒达到静止状态时，其坡面与水平面间的最大夹角
2-128	压实［度］	degree of compaction	K	—		压实体干密度与最大干密度的比值

续表

序号	量的名称	英文名称	量的符号	单位名称	单位符号	量的定义
2-129	淹没系数	submergence coefficient	σ	—		上游水位相同时的淹没流流量与自由流流量的比值
2-130	延度	ductility	λ	厘米	cm	试样在一定温度下，以一定速度拉伸至断裂时的长度
2-131	扬压力	hydraulic uplift pressure	P_u	帕［斯卡］	Pa	地基中渗透水流作用于基础底面或计算截面上方向上的水压力，它等于浮托力与渗流压力之总和
2-132	液体压缩系数	coefficient of compressibility	β	每帕［斯卡］	Pa^{-1}	$\beta=-\frac{dv/v}{dp}$ 式中：dv/v 为压强变化等于 dp 时液体体积的相对变化率
2-133	液限	liquid limit	W_L	—		细粒土流动状态与可塑状态间的界限含水率。采用百分数表示（%）
2-134	液性指数	liquidity index	I_L	—		天然含水率和塑限之差，去除掉百分号后，与塑性指数的比值。又称稠度

续表

序号	量的名称	英文名称	量的符号	单位名称	单位符号	量的定义
2-135	造床流量	dominant formative discharge	v	立方米每秒	m^3/s	对形成天然河道河床特性及河槽基本尺寸起支配作用的，根据河道最大流量、平均流量、水流历时以及洪水频率等因素所确定的一个特征流量
2-136	针入度	penetration	$P_{25,150,5s}$，$P_{25,100,5s}$	十分之一毫米	10^{-1} mm	标准圆锥体（质量 150g 或 100g）在单位时间内沉入一定温度下的试样中的深度
2-137	蒸发量	evaporation	E	毫米	mm	单位时间内水从蒸发面蒸腾到大气中的水量（水层深度）
2-138	蒸发能力	evaporation potential	E_0	毫米	mm	在一定气象条件下水分供应不受限制时，某一固定下垫面的最大可能蒸发量
2-139	[作物]蒸发蒸腾量	crop evapotranspiration	ET	毫米	mm	作物植株蒸腾量和株间土壤蒸发量之和。又称腾发量
2-140	作物需水量	crop water requirement	ET_0	毫米	mm	作物正常生长时的蒸发蒸腾量与构成植株体的水量之和

第三部分　水利水电扩充量

SL 2—2014《水利水电量和单位》编制过程中，编制组查阅了《中国水利百科全书（第二版）》《水工设计手册（第 2 版）》以及相关国家标准，收集了大量的其他物理量、派生量和衍生量，这些量对水利水电科技工作有较好的参考作用，但按照标准量选入原则未列入 SL 2—2014，现将其列于本部分，供读者参考使用。

水利水电通用量（扩充）、专业量（扩充）和单位，按量的名称音序以表格形式列出，见表 3、表 4。“使用说明”同表 1、表 2。

一、水利水电通用量和单位（扩充）

表 3　　水利水电通用量和单位（扩充）

序号	量的名称	英文名称	量的符号	单位名称	单位符号	量 的 定 义
3-1	安全系数	safety factor	k，K_c	—		建筑物为保持稳定或结构强度安全，所具有的抵抗力与作用力的比值
3-2	半径	radius	r，R	米	m	
3-3	比焓，质量焓	specific enthalpy	h	焦［耳］每千克	J/kg	焓除以质量
3-4	比内能	specific internal energy	a，e	焦［耳］每千克	J/kg	内能除以质量
3-5	比能，质量能	specific energy, massic energy	e	焦［耳］每千克	J/kg	能［量］除以质量
3-6	比热［容］比，质量热容比	ratio of the specific heat capacity	γ	—		$\gamma = c_p / c_v$ 式中：c_p为定压比热容；c_v为定容比热容

续表

序号	量的名称	英文名称	量的符号	单位名称	单位符号	量的定义
3-7	比热力学能，质量热力学能，比内能	specific thermodynamic energy	u	焦［耳］每千克	J/kg	热力学能除以质量
3-8	比热容	specific heat capacity	c	焦［耳］每千克开［尔文］	J/(kg·K)	热容除以质量
3-9	比熵	specific entropy	s	焦［耳］每千克开［尔文］	J/(kg·K)	熵除以质量
3-10	比体积	specific volume	v	立方米每千克	m^3/kg	体积除以质量
3-11	波数	repetency, wavenumber	σ	每米	m^{-1}	$\sigma=1/\lambda$ 式中：λ 为波长
3-12	波速	wave speed	c	米每秒	m/s	波浪的波长与波周期之比
3-13	波长	wave length	λ	米	m	在周期波传播方向上，同一时刻两相邻同相位点间的距离
3-14	采样率	sampling frequency	fs	赫［兹］	Hz	每秒周期性变动重复次数

续表

序号	量的名称	英文名称	量的符号	单位名称	单位符号	量的定义
3-15	残余应力	residual stress	σ_r	帕［斯卡］	Pa	当物体没有外部因素作用时，在物体内部保持平衡而存在的应力
3-16	长度	length	l，L	米	m	
3-17	沉降量	settlement	s	米	m	在荷载作用下，建筑物基底面上某点从基础浇筑开始到某时刻的沉降距离
3-18	持续时间，历时	duration	t，T	秒	s	
3-19	冲量	impulse	I	牛［顿］秒	N·s	$I=\int F\mathrm{d}t$ 式中：F 为作用力；t 为力的作用时间
3-20	传热系数	coefficient of heat transfer	K，k	瓦［特］每平方米开［尔文］	W/(m^2·K)	面积热流量除以温度差
3-21	磁场强度	magnetic field strength	H	安［培］每米	A/m	$\mathrm{rot}H=J+\partial D/\partial t$ 式中：J 为面积电流；D 为磁通密度
3-22	磁导	permeance	Λ，P	亨［利］	H	$\Lambda=1/R_m$ 式中：R_m 为磁阻
3-23	磁导率	permeability	μ	亨［利］每米	H/m	$\mu=B/H$

续表

序号	量的名称	英文名称	量的符号	单位名称	单位符号	量的定义
3-24	磁感应强度，磁通密度	magnetic induction	B	特［斯拉］	T	$F=I\Delta s\times B$ 式中：s 为长度；Δs 为电流元
3-25	磁化率	magnetic susceptibility	k，x_{m}	—		$k=\mu_{r}-1$ 式中：μ_{r}为相对磁导率
3-26	磁化强度	magnetization	M，H_{i}	安［培］每米	A/m	$M=(B/\mu_{0})-H$ 式中：μ_{0}为真空磁导率
3-27	磁通［量］	magnetic flux	Φ	韦［伯］	Wb	$\Phi=\int B\mathrm{d}A$ 式中：A 为面积
3-28	磁通势，磁动势	magneto motive force	F，F_{m}	安［培］	A	$F=\oint H\mathrm{d}r$ 式中：H 为磁场强度（失量）；r 为距离
3-29	［大］气压［强］	atmospheric pressure	P	百帕［斯卡］	hPa	单位面积上大气柱的重量
3-30	点荷载强度	point load strength	σ	帕［斯卡］	Pa	对岩石试件施加点荷载使其达到破坏时而算得的岩石抗拉或抗压强度
3-31	电场强度	electric field strength	E	伏［特］每米	V/m	$E=F/Q$ 式中：F 为力；Q 为电荷载

续表

序号	量的名称	英文名称	量的符号	单位名称	单位符号	量的定义
3-32	电导率	conductivity	γ，σ	西［门子］每米	S/m	$\gamma=1/\rho$ 式中：ρ 为电阻率
3-33	电动势	electromotive force	E	伏［特］	V	电源供给的能量除以它输送的电荷量
3-34	电荷［量］	electromotive charge，quantity of electricity	Q	库［仑］	C	电流对时间的积分
3-35	电荷面密度	areic charge，surface density of charge	σ	库［仑］每平方米	C/m^2	$\sigma=Q/A$ 式中：A 为面积
3-36	电荷体密度	volumic charge，volume density of charge	ρ，η	库［仑］每立方米	C/m^3	$\rho=Q/V$ 式中：V 为体积
3-37	电抗	reactance	X	欧［姆］	Ω	阻抗的虚部
3-38	电流	electric current	I	安［培］	A	

续表

序号	量的名称	英文名称	量的符号	单位名称	单位符号	量的定义
3-39	电流密度	electric current density	J，S	安［培］每平方米	A/m^2	$\int Je_n dA = I$ 式中：A 为面积；e_n 为面积的失量单元
3-40	电容	capacitance	C	法拉	F	$C=Q/U$
3-41	电通［量］	electric flux	Ψ	库［仑］	C	$\Psi = \int De_n dA$ 式中：A 为面积；D 为电通量密度；e_n 为面积的失量单元
3-42	电位，电势	electric potential	V，φ	伏［特］	V	一个标量，在静电学中： $-\mathrm{grad}V=E$ 式中：E 为电场强度
3-43	电位差，电压，电势差	potential difference, tension	U，V	伏［特］	V	$U = \varphi_1 - \varphi_2 = \int_1^2 E\mathrm{d}r$ 式中：r 为距离
3-44	电阻	resistance	R	欧［姆］	Ω	分别见直流电阻、交流电阻
3-45	电阻率	resistivity	ρ	欧［姆］米	Ω·m	$\rho=RA/L$ 式中：A 为面积；L 为长度

续表

序号	量的名称	英文名称	量的符号	单位名称	单位符号	量的定义
3-46	动荷载	dynamic load	P_d	牛［顿］	N	数值、位置或作用方向随时间迅速变化，对建筑物产生加速度的荷载
3-47	动量	momentum	p	千克米每秒	kg·m/s	质量与速度之积
3-48	动量矩，角动量	moment of momentum, angular momentum	L	千克二次方米每秒	$kg \cdot m^2/s$	$L = r \times p$ 式中：r 为矢径；p 为动量
3-49	动摩擦系数	dynamic friction factor	μ，f	—		滑动物体的摩擦力与法向力之比
3-50	动能	kinetic energy	E_k，T	焦［耳］	J	$E_k = 1/2mv^2$
3-51	动载系数，动力系数	dynamic load factor	K	—		动载引起弹性构件变形与静荷载作用于同一弹性构件引起的变形之比值
3-52	冻胀率	factor of frost heaving	η	—	%	单位体积（或长度）土体在冻结前后变形量之比
3-53	断裂强度	rupture strength	σ_b	帕［斯卡］	Pa	在岩土试样的直径方向上施加成线性荷载，当试样达到破坏时的强度

续表

序号	量的名称	英文名称	量的符号	单位名称	单位符号	量的定义
3-54	发光强度	luminous intensity	I，I_v	坎［德拉］	cd	
3-55	分布荷载	distributed load	q	牛［顿］每二次方米	N/m^2	分布于单位长度或面积上的荷载
3-56	辐［射］能	radiant energy	Q，W，V，Q_e	焦［耳］	J	以辐射的形式发射、传播或接收的能量
3-57	浮力	buoyancy	P_b	牛［顿］	N	作用在潜体或浮体表面上各点静水压力的合力
3-58	高程	elevation	Z	米	m	某点沿地平面法线或重力线方向至某基准面的距离
3-59	公差	tolerance	t	毫米	mm	实际参数值规定的允许变动量
3-60	功率	power	P	瓦［特］	W	能的输送速率
3-61	功率系数	power coefficient	P_{nD}	—		$P_{nD}=\frac{P_m}{\rho_1 n^3 D^5}$ 式中：P_m 为功率，ρ_1 为水密度，n 为转速，D 为转轮直径

续表

序号	量的名称	英文名称	量的符号	单位名称	单位符号	量的定义
3-62	功率因数	power factor	λ	—		$\lambda=P/S$ 式中：P 为有功功率；S 为视在功率
3-63	惯性半径	radius of inertia	I_y，I_z	米	m	任一截面对某轴的惯性矩除以该截面面积所得商的平方根值
3-64	惯性积	product of inertia	I_p	千克二次方米	kg·m²	刚体的每一小部分质量和该点在某一直角坐标系中两坐标乘积之和
3-65	滚动摩擦系数	coefficient of rolling friction	f_r	厘米	cm	$f_r=(F_r/N)r$ 式中：F_r 为滚动摩擦力；N 为支承面的反力；r 为滚动体半径
3-66	焓	enthalpy	H	焦［耳］	J	$H=U+pV$ 式中：U 为热力学能；p 为压力；V 为体积
3-67	合力	resultant	R	牛［顿］	N	一个力等效地代替两个或两个以上作用在同一物体上的力
3-68	荷载	load	P	牛［顿］	N	施加在结构上的集中力或分布力

续表

序号	量的名称	英文名称	量的符号	单位名称	单位符号	量的定义
3-69	互感	mutual inductance	M，L_{12}	亨［利］	H	$M=\Phi_1/I_2$ 式中：Φ_1 为穿过回路 1 的磁通量；I_2 为回路 2 的电流
3-70	［浑］浊度	turbidity	T	—		水的浑浊程度，并以 1L 纯水中含有 1mg 精制高岭土作为 1 度
3-71	混合系数	mixing coefficient	D	二次方米每秒	m^2/s	$D=\frac{-q_{mi}}{\partial c/\partial x_i}$ 式中：q_{mi} 为扩散物质混合通量；$\frac{\partial c}{\partial x_i}$ 为 x_i 方向扩散物质浓度梯度
3-72	极限荷载	ultimate load	Q_u	牛［顿］	N	结构和构件达到破坏时的最小荷载
3-73	极限抗拉强度	ultimate tensile strength	R_u	帕［斯卡］	Pa	试样抵抗缓慢增大单轴拉力时保持自身不致破坏的最大应力
3-74	极限抗压强度	ultimate compressive strength	R_{uc}	帕［斯卡］	Pa	试样抵抗缓慢加大单轴压力时保持自身不致破坏的最大应力
3-75	集中力（荷载），点荷载	concentrated load	F	牛［顿］	N	作用在微小面积上的荷载

续表

序号	量的名称	英文名称	量的符号	单位名称	单位符号	量的定义
3-76	剂量当量	dose equivalent	H	希［沃特］	Sv	在要研究的组织中，某点处的吸收剂量 D、品质因数 Q 和其他一切修正因数 N 的乘积，即 $H=DQN$
3-77	加速度	acceleration	a	米每二次方秒	m/s^2	$a=\mathrm{d}\upsilon/\mathrm{d}t$ 式中：υ 为速度；t 为时间
3-78	剪力	shear	Q	牛［顿］	N	在剪切的情况下，相应的作用线与截面相切的内力
3-79	剪切模量	shear modulus	G	帕［斯卡］	Pa	$G=\tau/\gamma$ 式中：τ 为剪应力；γ 为剪应变
3-80	剪应力	shear stress	τ	帕［斯卡］	Pa	单位面积上所承受的力，且力的方向与受力面的法线方向正交
3-81	［交流］电导	conductance (alternating current)	G	西［门子］	S	导纳 Y（$Y=1/Z$）的实部
3-82	［交流］电阻	resistance (alternating current)	R	欧［姆］	Ω	阻抗（复数电压被复数电流除）的实部

续表

序号	量的名称	英文名称	量的符号	单位名称	单位符号	量的定义
3－83	交变应力	alternating stress	σ	帕［斯卡］	Pa	随时间作周期性变化的应力
3－84	焦距	focal length	f	毫米	mm	曲面镜的顶点或透镜中心到主焦点的距离
3－85	角加速度	angular acceleration	a	弧度每二次方秒	rad/s^2	$a=d\omega/dt$ 式中：ω 为角速度；t 为时间
3－86	角频率	angular frequency	ω	弧度每秒	rad/s	$\omega=2\pi f$ 式中：f 为频率
3－87	角速度	angular velocity	ω	弧度每秒	rad/s	$\omega=\frac{d\varphi}{dt}$ 式中：φ 为角度；t 为时间
3－88	接触应力	contact stress	σ	帕［斯卡］	Pa	两个接触物体相互挤压时在接触面上的应力
3－89	截面二次极惯性矩	second polar axial moment of area	I_p	四次方米	m^4	一截面对在该平面内一点的二次极矩是其面积元与它们到该点距离的二次方之积的总和（积分）
3－90	截面二次［轴］矩，惯性矩	second moment of area，second axial moment of area	I_a，I	四次方米	m^4	一截面对在该平面内一点的二次矩是其面积元与它们到该轴距离的二次方之积的总和（积分）

续表

序号	量的名称	英文名称	量的符号	单位名称	单位符号	量的定义
3-91	截面面积	area of section	A，S	平方米	m^2	截面边缘线所包络的材料平面面积
3-92	经度	longitude	λ	度	°	球面坐标系的横坐标值
3-93	静荷载	static load	q	牛［顿］	N	数值、位置和作用方向不随时间改变或虽随时间改变但变化极为缓慢，不产生加速度的荷载
3-94	静摩擦系数	static friction factor	μs，fu	—		静止物体的摩擦力与法向力的最大比值
3-95	静压	static pressure	P_s，p	帕［斯卡］	Pa	没有声波时媒质中的压力
3-96	距离	distance	d，r	米	m	
3-97	绝对压力，绝对压强	absolute pressure	P_a	帕［斯卡］	Pa	以没有气体存在的完全真空为零起点的压力（压强）值
3-98	抗剪强度	tangential strength	τ	帕［斯卡］	Pa	材料抵抗剪切破坏的最大切应力（$\sigma \geqslant 0$）
3-99	抗拉强度	tensile strength	σ	帕［斯卡］	Pa	以试样所能承受的最大极限拉力与试样原截面之比所得的最大应力值来度量材料抵抗拉应力的能力

续表

序号	量的名称	英文名称	量的符号	单位名称	单位符号	量的定义
3-100	抗弯强度	flexural strength	σ_b	帕［斯卡］	Pa	材料在受弯状态下所能承受的最大拉应力或压应力
3-101	抗压强度	compressive strength	σ，R	帕［斯卡］	Pa	材料抵抗缓慢压力保持自身不被破坏的极限应力
3-102	空化数	cavitation number	σ	—		$\sigma=\dfrac{P_\infty - P_v}{\frac{1}{2}\rho v_\infty^2}$ 式中：P_∞ 为液流中未受干扰处的压强；P_v 为液体的饱和蒸汽压强；ρ 为液体的密度；v_∞ 为液体中未受干扰处的时均流速
3-103	空化系数	cavitation coefficient	σ	—		$\sigma=\dfrac{NPSE}{E}$ 式中：$NPSE$ 为净正吸入比能；E 为水力比能
3-104	跨度，跨长	span	b，L	米	m	构件在两支座间的长度
3-105	拉应力	tensile stress	σ_t	帕［斯卡］	Pa	材料受拉时的应力
3-106	力	force	F	牛［顿］	N	$F=\mathrm{d}(mv)/\mathrm{d}t$

续表

序号	量的名称	英文名称	量的符号	单位名称	单位符号	量的定义
3-107	力矩	moment of force	M	牛［顿］米	N·m	力对一点的矩，等于从该点到力作用线上任一点的矢径与该力的矢量积，$M=r\times F$
3-108	力矩系数	torque coefficient	T_{nD}	—		$T_{nD}=\frac{T_m}{\rho_1 n^2 D^5}$ 式中：T_m为力矩；ρ_1为水密度；n为转速；D为转轮直径
3-109	力矩因数	torque factor	T_{ED}	—		$T_{ED}=\frac{T_m}{\rho_1 D^3 E}$ 式中：T_m为力矩；ρ_1为水密度；D为转轮直径；E为水力比能
3-110	力偶矩	moment of a couple	M	牛［顿］米	N·m	两个大小相等，方向相反，且不在同一直线上的力，对平面上任何一点的力矩之和
3-111	力系数	force coefficient	F_{nD}	—		$F_{nD}=\frac{F_m}{\rho_1 n^2 D^4}$ 式中：F_m为力；ρ_1为水密度；n为转速；D为转轮直径
3-112	力因数	force factor	F_{ED}	—		$F_{ED}=\frac{F_m}{\rho_1 D^3 E}$ 式中：F_m为力；ρ_1为水密度；D为转轮直径；E为水力比能

续表

序号	量的名称	英文名称	量的符号	单位名称	单位符号	量的定义
3－113	落差	drop	H_D	米	m	水流从高处跌落到低处的水位差
3－114	脉动流速	fluctuating velocity	u', v'	米每秒	m/s	某一瞬时通过空间某一固定点水流质点的瞬时速度与其时间平均流速的差值
3－115	密实度	compactness	K，d	—	%	砂土或石土颗粒排列松紧的程度，以百分数表示
3－116	面积	area	A，S	平方米	m^2	$A = \iint dxdy$ 式中：x、y 为笛卡尔坐标
3－117	面积电荷，电荷面密度	areic charge	σ	库［仑］每平方米	C/m^2	$\sigma = Q/A$ 式中：A 为面积
3－118	面积电流，电流密度	areic electric current	J，S	安［培］每平方米	A/m^2	$\int J e_n dA = I$ 式中：A 为面积；e_n 为面积的矢量单元
3－119	面积矩，静面矩	area moment	I，S	四次方米	m^4	面积与该面积形心到中性轴的距离的乘积
3－120	面积热流量，热流量密度	areic heat flow rate	q，φ	瓦［特］每平方米	W/m^2	热流量除以面积

续表

序号	量的名称	英文名称	量的符号	单位名称	单位符号	量的定义
3-121	面密度，面质量	surface density, areic mass	ρ_A，ρ_S	千克每平方米	kg/m²	质量除以面积
3-122	面质量，面密度	areic mass	ρ_A，ρ_S	千克每平方米	kg/m²	质量除以面积
3-123	摩擦力	friction force	F_f，F	牛［顿］	N	两相互接触的物体因摩擦而产生的阻力
3-124	摩擦系数	friction factor	μ，f	—		分别见动摩擦系数，静摩擦系数
3-125	内力	internal force	P_i	牛［顿］	N	物体内抵抗质点间位置改变的力
3-126	内摩擦角	internal friction angle	φ	度	°	散粒体颗粒间的相对移动和咬合作用形成的摩擦特性，其数值等于强度包线与水平线的交角
3-127	能［量］	energy	E	焦［耳］，瓦［特］［小］时	J，W·h	所有各种形式的能
3-128	牛顿数	Newton number	Ne	—		$Ne=F/\rho l^2 \nu^2$ 式中：F 为物理力；ρ 为密度；ν 为特征速度；l 为特征长度

续表

序号	量的名称	英文名称	量的符号	单位名称	单位符号	量的定义
3-129	扭转角	angle of torsion	Φ	弧度 度	rad °	杆件横截面间分别作用一对大小相等而转向相反的力，其横截面间相对产生的角
3-130	浓度	concentration	C	毫克每升	mg/L	在给定温度和压力下，流体单位体积内所含物质质量
3-131	疲劳极限，持久极限	fatigue limit	σ_t，S	帕［斯卡］	Pa	材料在交变应力作用下经过多次应力循环后发生突然的断裂破坏
3-132	偏差	deviation	c_x	毫米	mm	尺寸偏差的简称；某尺寸减其基本尺寸所得的代数差
3-133	频率	frequency	f，γ	赫［兹］	Hz	$f=1/T$ 式中：T 为周期
3-134	气体比体积，气体质量体积	specific volume of gas，massic volume of gas	υ	立方米每千克	m^3/kg	气体体积除以质量
3-135	气温	air temperature	t	摄氏度	℃	距离地面 1.5m 高度处的空气温度

续表

序号	量的名称	英文名称	量的符号	单位名称	单位符号	量的定义
3－136	切变模量	shear modulus	G	帕［斯卡］	Pa	$G=\tau/\gamma$ 式中：τ 为切应力；γ 为切应变
3－137	切应变	shear strain	γ	—		$\gamma=\Delta x/d$ 式中：Δx 为厚度为 d 的薄层上表面对下表面的平行位移
3－138	切应力	shear stress	τ	帕［斯卡］	Pa	与作用面相平行的应力
3－139	屈服极限	yield limit	σ_{so}，R_g	帕［斯卡］	Pa	材料受外力到一定限度时，即使不增加负荷它仍继续发生明显的塑性变形。这种现象叫“屈服”。发生屈服现象时的应力，称为屈服极限
3－140	屈服强度	yield point	δ_s	兆帕	MPa	材料在荷载作用下，当荷载不再增加而材料开始发生塑性变形时的应力： $\delta_s=F_s/A_0$ 式中：F_s 为材料产生屈服现象时所承受的最大外力，N；A_0 为试样原来的截面积，mm^2

续表

序号	量的名称	英文名称	量的符号	单位名称	单位符号	量的定义
3-141	曲率	curvature	k	每米，负一次方米	m^{-1}	$k=1/p$
3-142	曲率半径	curvature radius	p	米	m	
3-143	热，热量	heat，quantity of heat	Q	焦［耳］	J	
3-144	热导率，导热系数	thermal conductivity	λ，k	瓦［特］每米开［尔文］	W/(m·K)	面积热流量除以温度梯度
3-145	热力学能，内能	thermodynamic energy	U	焦［耳］	J	对于热力学封闭系统： $\Delta U=Q+W$ 式中：Q 为传给系统的能量；W 为对系统所作的功
3-146	热力学温度	thermodynamic temperature	T，θ	开［尔文］	K	
3-147	热流［量］密度，面积热流量	density of heat flow rate	q，φ	瓦［特］每平方米	W/m^2	热流量除以面积
3-148	热流量	hear flow rate	Φ	瓦［特］	W	单位时间内通过一个面的热量

续表

序号	量的名称	英文名称	量的符号	单位名称	单位符号	量的定义
3-149	热容	heat capacity	C	焦[耳]每开	J/K	当一系统由于接受一微小热量 dQ 而温度升高 dT 时，dQ/dT 即热容
3-150	热效率	heat efficiency	η，η_h	—		热力设备所获得的有效能量与所消耗热量的比值
3-151	热应力	thermal stress	σ	帕[斯卡]	Pa	加热或冷却时，材料不同部位出现温差而导致热胀或冷缩不均所产生的应力
3-152	热阻	thermal resistence	R	开[尔文]每瓦[特]	K/W	温度差除以热流量
3-153	容量	unit weight	γ	牛[顿]每立方米	N/m^3	单位体积物质的重量
3-154	熵	entropy	S	焦[耳]每开[尔文]	J/K	在可逆微变化过程中，熵的变化等于系统从热源吸收的热量与热源的热力学温度之比，可用于度量热量转变为功的程度
3-155	摄氏温度	Celsius temperature	t，θ	摄氏度	℃	$t=T-T_0$ 式中：T_0 等于 273.15K

续表

序号	量的名称	英文名称	量的符号	单位名称	单位符号	量的定义
3-156	伸长率，延伸率	elongation		—	%	试样被拉压后其标距所增加或减少的长度和原标距的比率
3-157	升力	lift force	C	牛［顿］	N	$C=C_yS\times0.5\rho v^2$ 式中：ρ 为气流密度；v 为气流速度；S 为叶片在气流方向的投影面积；C_y 为升力系数
3-158	升力系数	coefficient of lift force	C_y	—		$C_y=C/0.5\rho v^2S$ 式中：ρ 为气流密度；v 为气流速度；S 为叶片在气流方向的投影面积；C 为叶片获得的升力
3-159	时间	time	t	秒	s	
3-160	时间间隔	time interval	t	秒	s	
3-161	视在功率	apparent power	S，P_s	瓦［特］	W	$S=UI$
3-162	水的硬度	hardness of water	H_w	毫克每升	mg/L	反映水的含盐特性，天然水中以钙盐和镁盐为主其值为水中钙、镁、铁、锰、锶、铝等溶解盐类的总量

续表

序号	量的名称	英文名称	量的符号	单位名称	单位符号	量的定义
3-163	水平角	horizontal angle	β	度	°	地面上两条方向线在水平面上投影的夹角
3-164	水深	water depth	d，h	米	m	水体的自由水面到其床面的垂距离
3-165	水温	water temperature	t_w，θ_w	摄氏度	℃	水体的温度
3-166	（瞬时）声压	(instantaneous) sound pressure	p	帕［斯卡］	Pa	有声波时媒质中的瞬时总压力与静压力之差
3-167	速度	velocity	v，c，u，ω	米每秒	m/s	$v=\mathrm{d}s/\mathrm{d}t$
3-168	弹性常数	elastic constant	C	牛［顿］每毫米	N/mm	在弹性范围内，物质所受外力与在力的方向上的变形之比
3-169	弹性模量，杨氏模量	modulus of elasticity	E	帕［斯卡］	Pa	应力除以应变：$E=\sigma/\varepsilon$
3-170	［体积］压缩率	compressibility, bulk compressibility	K	每帕斯卡	Pa^{-1}	$K=1/V\mathrm{d}V/\mathrm{d}p$

续表

序号	量的名称	英文名称	量的符号	单位名称	单位符号	量的定义
3-171	体［膨］胀系数	cubic expension coefficient	a_v，a，γ	每开尔文	K^{-1}	当物体温度改变1℃时，其体积的变化和它在0℃时体积之比：$a_v=1/VdV/dT$
3-172	体积	volume	V	立方米	m^3	$V=\iiint dxdydz$ 式中：x、y和z为笛卡尔坐标
3-173	体积电荷，电荷体密度	volumic charge	ρ，η	库［仑］每立方米	C/m^3	$p=Q/V$ 式中：V为体积
3-174	体积模量	bulk modulus	K	帕［斯卡］	Pa	$K=-p/\theta$ 式中：p为三维应力时的平均正应力；θ为体应变
3-175	体积质量，质量密度	volumic mass	ρ	千克每立方米	kg/m^3	质量除以体积
3-176	体应变	volume strain, bulk strain	θ	—		$\theta=\Delta v/v_0$ 式中：v_0为指定参考状态下的体积；Δv为体积增量

续表

序号	量的名称	英文名称	量的符号	单位名称	单位符号	量的定义
3-177	弯曲应力	bending stress	σ	帕[斯卡]	Pa	构件在弯矩作用下所产生的应力
3-178	纬度	latitude	φ	度	°	球面坐标系的纵坐标
3-179	位能	potential energy	E_p，V	焦[耳]	J	见势能
3-180	位置水头	position head	Z	米	m	水体中某一点位置到基准面的以高度表示的位能
3-181	温度应力	thermal stress	σ_T	帕[斯卡]	Pa	由于温度变化或分布不均而在物体（构件）中产生的应力
3-182	稳定数	stability number	Kc	—		坡土的容重和土坡高度的乘积对土的黏结力之比
3-183	无功功率	reactive power	Q，P_Q	乏	var	$Q^2=S^2-P^2$ 式中：S 为视在功率；P 为有功功率
3-184	物距	object distance	P，l	米	m	对薄透镜而言，是轴上物点和物方主面之间的距离
3-185	物质的量	amount of substance	n，γ	摩[尔]	mol	

续表

序号	量的名称	英文名称	量的符号	单位名称	单位符号	量的定义
3-186	线［膨］胀系数	linear expansion coefficient	a_l	每开［尔文］	K^{-1}	$a_l=1/l\times dl/dt$
3-187	线应变，相对变形	linear strain	ε，e	—		$\varepsilon=\Delta l/l_0$ 式中：l_0为指定参考状下的长度；Δl为长度增量
3-188	相对［质量］密度	relative density	d	—		物质的密度与参考物质的密度在对两种物质所规定的条件下的比
3-189	相对压力，相对压强	relative pressure	p	帕［斯卡］	Pa	设当地大气压力为零，起算的压力（压强）
3-190	相关系数	correlation coefficient	P	—		表示变量之间关系密切程度的量
3-191	像距	image distance	b	米	m	薄透镜轴上像点与物方主面之间的距离
3-192	效率	efficiency	η	—		输出功率与输入功率之比
3-193	旋转频率，转速	rotational frequency	n	每秒	s^{-1}	转数除以时间

续表

序号	量的名称	英文名称	量的符号	单位名称	单位符号	量　的　定　义
3-194	雪压力，雪荷载	snow load	S	帕［斯卡］	Pa	由于积雪重量在建筑物表面产生的压力
3-195	压力，压强	pressure	P	帕［斯卡］	Pa	力除以面积
3-196	压缩变形量	total compression	Δ	厘米	cm	土在侧限条件下受压时，竖向应力与竖向应变之比
3-197	压缩模量	compression modulus	E_s	帕［斯卡］	Pa	土体在完全侧限的条件下，竖向应力增量与竖向应变增量的比值
3-198	压应力	compressive stress	σ_c	帕［斯卡］	Pa	物体轴向受压时，其单位横截面上的应力
3-199	沿程水头损失系数	frictional loss factor	λ	—		$\lambda = h_f \Big/ \left(\frac{l}{d} \times \frac{v^2}{2g}\right)$ 式中：h_f为沿程水头损失；l为特征长度；d为特征直径；v为特征流速；g为重力加速度

续表

序号	量的名称	英文名称	量的符号	单位名称	单位符号	量 的 定 义
3-200	引力常数	gravitational constant	G	牛［顿］二次方米每二次方千克	$N \cdot m^2/kg^2$	两质点之间的引力为： $F=G\times m_1 m_2/r^2$ $G=(6.67259\pm0.00085)\times10^{-11}$ 式中：r 为质点间距离；m_1、m_2 为质点的质量
3-201	应力	stress	σ，τ	帕［斯卡］	Pa	见正应力，切应力
3-202	［有功］电能［量］	active energy	W	焦［耳］，千瓦［特］［小］时	J，kW·h	$W=\int ui\,\mathrm{d}t$ 式中：u 为瞬时电压；i 为瞬时电流；t 为时间
3-203	［有功］功率	active power	P	瓦［特］	W	$W=\frac{1}{T}\int_0^t ui\,\mathrm{d}t$ 式中：T 为计算功率的时间；t 为时间
3-204	有效应力	effective stress	σ，e	帕［斯卡］	Pa	对于饱和土土体颗粒骨架承受的压力，其值等于土体上所受总应力与孔隙水压力之差

续表

序号	量的名称	英文名称	量的符号	单位名称	单位符号	量的定义
3-205	允许承载力	allowable bearing capacity	P，R	牛［顿］	N	确保地基不产生剪切破坏而失稳，同时又保证建筑物的沉降不超过容许值的最大单位荷载
3-206	真空磁导率	permeability of vacuum	μ_0	亨［利］每米	H/m	$\mu_0 = 1/\varepsilon_0 C_0^2$ 式中：ε_0为真空介电常数；C_0为电磁波在真空中的传播速度
3-207	真空介电常数，真空电容率	permittivity of vacuum	ε_0	法［拉］每米	F/m	$\varepsilon_0 = 1/\mu_0 C_0^2$
3-208	振幅	amplitude	A	米	m	正弦量的绝对值在一个周期内所能达到的最大值
3-209	蒸汽压力，蒸汽压强	water vapour pressure	p_v	帕［斯卡］	Pa	空气中的水蒸气在液体表面引起的压力（压强）
3-210	正应力，法向主应力	normal stress	σ	帕［斯卡］	Pa	与作用面垂直的应力

续表

序号	量的名称	英文名称	量的符号	单位名称	单位符号	量的定义
3-211	［直流］电导	conductance (direct current)	G	西［门子］	S	$G=1/R$
3-212	［直流］电阻	resistance (direct current)	R	欧［姆］	Ω	$R=U/I$（导体中无电动势）
3-213	直径	diameter	d，D	米	m	
3-214	质量	mass	m	千克（公斤）	kg	物体所含物质的量
3-215	质量焓，比焓	massic enthalpy	h	焦［耳］每千克	J/kg	焓除以质量
3-216	［质量］密度，体积质量	mass density, density	ρ	千克每立方米，吨每立方米，千克每升	kg/m^3，t/m^3，kg/L	质量除以体积
3-217	质量能，比能	massic energy	e	焦［耳］每千克	J/kg	能量除以质量

续表

序号	量的名称	英文名称	量的符号	单位名称	单位符号	量的定义
3-218	质量热力学能，比热力学能	massic thermodynamic	u	焦［耳］每千克	J/kg	热力学能除以质量
3-219	质量热容，比热容	massic heat capacity	c	焦［耳］每千克开［尔文］	J/(kg·K)	热容除以质量
3-220	质量热容比，比热［容］比	ratio of the massic heat capacity	r	—		$\gamma=c_p/c_r$
3-221	质量熵，比熵	massic entropy	S	焦［耳］每千克开［尔文］	J/(kg·K)	熵除以质量
3-222	质量体积，比体积	massic volume	v	立方米每千克	m^3/kg	体积除以质量
3-223	重度，重量	unit weight	γ	牛［顿］每立方米	N/m^3	单位体积的重力
3-224	重力加速度，标准重力加速度	accleration due to gravity	g	米每二次方秒	m/s^2	物质受地球引力作用在真空中下落的加速度

续表

序号	量的名称	英文名称	量的符号	单位名称	单位符号	量 的 定 义
3-225	重量	weight	W，P，G	牛［顿］	N	物体在特定参考系中的重量，为使该物体在此参考系中获得其加速度等于当地自由落体加速度时的力
3-226	周期	period, periodic time	T	秒	s	一个循环的时间
3-227	主应力	principal stress	σ_1，σ_2，σ_3	帕［斯卡］	Pa	沿应力主轴方向上的力，其作用面上的剪应力为零
3-228	转动惯量，惯性矩	moment of inertia	J，I	千克二次方米	$kg \cdot m^2$	物体对一个轴的转动惯量，是它的各质量元与它们到该轴的距离的二次方之积的总和（积分）
3-229	转矩	torque	M，T	牛［顿］米	N·m	使机械元件转动的力矩
3-230	转速	revolution speed	n	转每分	r/min	每分钟转动的圈数
3-231	自感	self inductance	L	亨［利］	H	$L=\Phi/I$

续表

序号	量的名称	英文名称	量的符号	单位名称	单位符号	量　的　定　义
3－232	阻抗（复［数］阻抗）	impedance,(complex inpedance)	Z	欧［姆］	Ω	复数电压被复数电流除
3－233	阻力	drag	F_D	牛［顿］	N	阻碍运动的力
3－234	阻尼系数	damping coefficient	δ	每秒	s^{-1}	如果一个量 $F(t)$ 与时间 t 的函数关系为 $F(t)=A_e^{-\delta t}\cos[W(t-t_0)]$，则 δ 为阻尼系数

注 1：多数情况下，每个量只给出了一个名称和一个符号。当一个量给出两个及以上的名称或符号，而又未加区别时，则它们处于同等的地位。

注 2：量的符号，圆括号内的符号为“备用符号”，供在特定情况下主符号以不同意义应用时使用。

注 3：单位名称和单位符号均给出了量的主单位（国际单位制的 SI 单位及国家选定的计量单位），必要时亦给出了常用的十进倍数或分数单位。

注 4：单位名称中的“［ ］”部分去掉后即为单位简称。

注 5：量的定义只用于识别，并非都是完全的。

二、水利水电专业量和单位（扩充）

表 4　　水利水电专业量（扩充）和单位

序号	量的名称	英文名称	量的符号	单位名称	单位符号	量的定义
4-1	安全超高	freeboard	a	米	m	建筑物的顶部超出最高静水位，加波浪高度以上所预留的富裕高度
4-2	氨氮浓度	concentration of ammoniacal nitrogen	$C_{NH_3\text{-}N}$	毫克每升	mg/L	水体中所含氨性氮的质量与水体积之比
4-3	保证水位	highest safety stage	Z_g	米	m	保证建筑物在汛期安全运行的上限洪水位
4-4	［泵站］净扬程	lift of pump (pumping station)	H	米	m	泵站前池进口与出水池出口处的水位差值
4-5	［泵站］装机功率	installed capacity (pumping station)	P	千瓦［特］	kW	泵站主动力机额定（标定）功率的总和
4-6	比湿	specific humidity	q	克每千克	g/kg	一团湿空气中水汽质量与该团空气总质量的比值
4-7	闭门力	closing force	F，f	牛［顿］	N	关闭闸门所需的下压力、拖动力或转动力等

续表

序号	量的名称	英文名称	量的符号	单位名称	单位符号	量的定义
4-8	波高	wave height	h_w	米	m	在周期波传播方向上两相邻波峰顶点与波谷底点间的垂直距离
4-9	波浪爬高	wave run-up	h_r	米	m	波浪在斜坡上发生破碎后，部分水体沿斜面上涌爬升的高度
4-10	波浪破碎水深，临界水深	breaking depth of wave	H_b，(D_b)	米	m	波浪发生破碎时的水深
4-11	波浪周期	wave period	T	秒	s	在周期波传播中两相邻波峰顶点（或波谷底点）的经历时间
4-12	波［浪］阻力，兴波阻力	wave drag	D_W	牛［顿］	N	船舶航行在其周围兴起波浪所引起的阻力
4-13	播前灌水定额	preseeding irrigation duty	M	立方米每公顷	m^3/hm^2	为保证旱作物种子发芽和出苗，播种以前单位面积上的灌溉用水量
4-14	测点流速	velocity at a point	v	米每秒	m/s	在测验断面上某一点的水流速度

续表

序号	量的名称	英文名称	量的符号	单位名称	单位符号	量 的 定 义
4-15	掺气浓度	aerated concentration	C	—		$C=\frac{V_A}{V_W+V_A}\times 100\%$ 式中：V_A为空气体积；V_W为水的体积
4-16	超高库容	freeboard storage	V_f	立方米	m^3	水库设计洪水位与校核洪水位之间的库容
4-17	潮[水]位	tidal level	Z_t	米	m	受潮汐影响呈周期性涨落的海水位
4-18	潮差，潮幅	tidal range	η	米	m	在一个潮汐周期内，相邻高潮位与低潮位间的差值
4-19	长期使用库容	longterm storage capacity of reservoir	V_l	立方米	m^3	水库冲淤达到平衡状态以后保留下来的可供长期使用的库容
4-20	沉降速度，水力粗度	deposition velocity	ω	米每秒	m/s	散粒体单位时间于静水中等速沉降的距离
4-21	承压水头	confined water head	H	米	m	承压水位高出含水层顶板的高度

续表

序号	量的名称	英文名称	量的符号	单位名称	单位符号	量的定义
4-22	吃水深度	draft; draught	H	米	m	立式水泵或立式安装的进水管喇叭口伸入进水池水面以下的深度
4-23	冲击功	impact work	A_i，W_i	焦［耳］	J	在冲击试验中冲断试件所消耗的功
4-24	冲击荷载	impact load	F_i	牛［顿］	N	短时间高速作用于零件上的外力
4-25	冲击强度	impact strength	R_i	帕［斯卡］	Pa	材料抗冲击破坏的能力
4-26	冲击韧度	impact toughness	a_k	焦［耳］每平方厘米	J/cm^2	试件受冲击断裂时，其刻槽处单位横截面积上消耗的冲击功
4-27	冲击应力	impact stress	σ_i	帕［斯卡］	Pa	受冲击荷载作用而产生的应力
4-28	冲击值	impact value	a_i，w_i	焦［耳］每平方厘米	J/cm^2	冲击功与试件缺口处横截面积之比
4-29	重叠库容，结合库容	common storage	V_o	立方米	m^3	正常蓄水位至防洪限制水位之间的水库容积
4-30	重复利用率	repeating utilization factor	η	—		重复利用水量与总供水量的比
4-31	初始下渗率	initial infiltration	f_0	毫米每［小］时	mm/h	降雨开始时的地面水下渗率

续表

序号	量的名称	英文名称	量的符号	单位名称	单位符号	量的定义
4－32	粗糙高度	height of roughness	K_s	厘米	cm	河道、渠槽表面或输水管道内壁粗糙凸起的高度
4－33	船闸耗水量	lockage water consumption	W_l	立方米	m^3	船舶（队）通过船闸时需要耗用的水量
4－34	船闸输水时间，（船闸灌泄水时间）	filling and emptying time of lock	t_l，T_l	秒	s	船闸闸室输水（灌水或泄水）调整闸室水位使与上游或下游水位齐平所需的时间
4－35	船闸通过能力	navigation lock tonnage capacity	C_l	万吨每年	万 t/a	一年内通过船闸的船只总吨位
4－36	单井设计出水量	designed well capacity	Q_w，q_w	立方米每秒	m^3/s	对应于设计降深的单井的出水量
4－37	单位功率	unit power	W	瓦［特］	W	当水轮机（水泵）转轮直径为 1m、水头为 1m 时的功率
4－38	单位流量	unit discharge	q_u	立方米每秒	m^3/s	水轮机（水泵）转轮［叶轮］直径为 1m、水头（扬程）为 1m 时的流量

续表

序号	量的名称	英文名称	量的符号	单位名称	单位符号	量的定义
4-39	单位能耗	energy consumption rate	e	千瓦［特］［小］时每千吨米	kW·h/(kt·m)	将 1000t 的水扬高 1m 所消耗的能量值
4-40	单位吸水量	water absorbing capacity	W_u	升每分米米	L/(min·m·m)	压水试验中，在每米水柱压力下每米试段长度内岩体每分钟的吸水量数
4-41	单位线洪峰流量	peak discharge of unit hydrograph	q_p	立方米每秒	m^3/s	单位过程线的最大流量
4-42	［单位线］洪峰滞时	flood peak lag time	T_p	［小］时	h	洪峰出现时刻与相应净雨主峰出现时刻之差
4-43	单位线总历时	total duration of unit hydrograph	T_D	［小］时	h	单位线流量历时的总和
4-44	单位转速	unit rotational revolution	u	转每分	r/min	水轮机（水泵）转轮［叶轮］直径为 1m、水头（扬程）为 1m 时的转速
4-45	堤防设计水位，堤防设计洪水水位	design water level for levee	H_f	米	m	堤防工程设计所采用的防洪最高水位

续表

序号	量的名称	英文名称	量的符号	单位名称	单位符号	量的定义
4-46	地表径流量	surface runoff	R_s	立方米	m^3	沿地表和土壤表层或层状土层内的界面流动的径流量
4-47	地表水资源量	surface water resources amount	M	立方米	m^3	河流、湖泊、冰川等地表水体中由降水形成的、可以逐年更新的动态水量
4-48	地下径流量	ground water runoff	R_g	立方米	m^3	沿潜水层或隔水层间的含水层流动的径流量
4-49	地下水补给量	ground water recharge capacity	V_g	立方米每年	m^3/a	一定时段内汇入含水层的总水量
4-50	地下水储量	ground water storage	V_g	立方米	m^3	贮存在地下透水岩层和土壤孔隙中的水量
4-51	地下水降深	drawdown of ground water	S_g	米	m	开采地下水时水位下降的深度
4-52	地下水开采量	yield of ground water	V_g	立方米	m^3	开采地下水所得的水量

续表

序号	量的名称	英文名称	量的符号	单位名称	单位符号	量的定义
4－53	地下水可开采量	ground water sustainable yield	W	立方米	m^3	在评价时期内（一定的开发利用和下垫面条件下），通过经济合理、技术可行的措施，在不致引起生态环境恶化条件下允许从含水层中获取的最大水量
4－54	地下水矿化度	mineralization of ground water	m	克每升	g/L	单位体积的地下水中，含有的无机矿物质总离子量
4－55	地下水埋深	depth of water table	h	米	m	地下水自由水面与地表面间的距离
4－56	地下水资源量	ground water resources amount	W	立方米	m^3	地下饱和含水层逐年更新的动态水量，即降水和地表水入渗对地下水的补给量
4－57	电力负荷，电力负载	electric powerload	P_e	千瓦［特］	kW	根据用电户的需要，由电力系统设备所提供的电功率的总和
4－58	电能利用率	effectiveness of electrical energy utilization	H	—		有效电能量除以供给电能量之商

续表

序号	量的名称	英文名称	量的符号	单位名称	单位符号	量 的 定 义
4-59	断流水位	stage of zero flow	Z_0	米	m	测验断面流量为零时所对应的水位
4-60	断面平均含沙量	mean sediment concentration in section	$\bar{C}_s$，S_m	千克每立方米	kg/m^3	断面输沙率与断面流量之比
4-61	断面平均流速	mean velocity in section	v_m	米每秒	m/s	通过某过水断面的流量与该断面面积的比值
4-62	堆积密度	bulk density	γ'	千克每立方米	kg/m^3	散粒材料或粉状材料，在自然堆积状态下单位体积的质量
4-63	多年平均年发电量	mean annual power production	E	千瓦［特］［小］时	kW·h	计算时段内各年发电量的平均值
4-64	多年平均年径流量	mean annual runoff	Q	立方米每年	m^3/a	年径流量的多年平均值
4-65	额定转矩	rated load torque of motor	M_n	牛［顿］米	N·m	电动机在额定转速下输入额定功率时的轴端转矩

续表

序号	量的名称	英文名称	量的符号	单位名称	单位符号	量的定义
4-66	额定转速	rated speed	r_n	转每秒	r/s	电机在额定工况时的旋转速率
4-67	防洪高水位	water level of flood control	Z_t	米	m	水库遇下游防护对象设计洪水时坝前所形成的最高水位
4-68	防洪库容	flood control capacity	V	立方米	m^3	相应于水库特征水位以下或两特征水位之间的水库容积
4-69	干缩率	dry shrinkage	ε_n	—		材料制成坯体后，由于干燥失水引起体积或长度缩减百分比，%
4-70	供电量	electrical energy supply	E_s，W_s	焦［耳］千瓦［特］［小］时	J kW·h	供给用户用电的总量
4-71	供水量	water supply	W_t	立方米	m^3	各种水源工程为用户提供的包括输水损失在内的毛供水量
4-72	沟壑密度	gully density	γ	千米每平方千米	km/km^2	单位面积内沟壑的总长度
4-73	构造应力	tectonic stress	σ_d	牛［顿］	N	在岩体中由地壳构造运动所引起的应力
4-74	贯入击数	number of blow	N_b	次		将标准规格的贯入器自钻孔底高程预击入 15cm 不计继续击入 30cm，所需的击数

续表

序号	量的名称	英文名称	量的符号	单位名称	单位符号	量的定义
4-75	灌溉面积	irrigatied area	A_i	平方米，公顷	m^2，hm^2	能够进行灌溉的耕地面积
4-76	灌溉渠道设计流量，正常流量	design flow of irrigation canal	Q_c，(q_c)	立方米每秒	m^3/s	在设计典型年内的灌水高峰时期渠道需要通过的流量
4-77	灌溉设计保证率	ensurance probability of irrigation design	P_d	—		工程设计使用期内能保证正常灌溉供水年的几率，%
4-78	灌溉用水量，又称毛灌溉水量	water demand for irrigation	M	立方米	m^3	从水源引入的灌溉水量，包括作物正常生长所需的灌溉水量（又称净灌溉水量）、渠系输水损失水量和田间损失水量
4-79	过水面积	cross section area	A	平方千米	km^2	水面线与河底线包围的面积
4-80	［河道］安全泄量	safety discharge	Q_s，q_s	立方米每秒	m^3/s	河道在保证水位时能安全下泄的流量

续表

序号	量的名称	英文名称	量的符号	单位名称	单位符号	量的定义
4-81	河道比降	gradient	J	—		河段顺水流方向的水面或河床底面落差除以水平距离
4-82	河［流］长［度］	river length	L	千米	km	从河源沿河流中泓线至河口或测站断面的距离
4-83	河网密度	river density	ν	千米每平方千米	km/km^2	单位面积内河道干支流的长度之和
4-84	洪峰流量	peak discharge	Q_m	立方米每秒	m^3/s	一次洪水过程中的瞬时最大流量
4-85	洪水总量	flood volume	W	立方米	m^3	一次洪水过程中流过某一断面的总水量
4-86	后渗历时	duration of infiltration excess	t_R	［小］时	h	流域大量产流以后超渗雨的历时
4-87	化学需氧量，COD	chemical oxygen demand	C_{COD}	毫克每升	mg/L	在规定条件下，用氧化剂处理水样时，水中被氧化物质消耗的该氧化剂数量折算的氧量
4-88	环境库容	environmental reservoir capacity	V	立方米	m^3	水库或其他蓄水工程保证环境用水所需的容积
4-89	汇水面积	catchment area	F	平方千米	km^2	雨水流向同一山谷地面的受雨面积

续表

序号	量的名称	英文名称	量的符号	单位名称	单位符号	量 的 定 义
4－90	混凝土保护层厚度	thickness of concrete protective layer	c	厘米	cm	混凝土中，钢筋外缘至混凝土表面最小的厚度
4－91	混凝土初凝时间	initial setting time of concrete	t_i	［小］时	h	混凝土由浇筑时的流态至开始凝固所需的时间
4－92	混凝土冻融循环次数	freezing thaw number of concrete	N	次		混凝土试验中其冰冻和融化直至破坏所需的循环总次数
4－93	混凝土浇筑温度	placing temperature	T	摄氏度	℃	混凝土卸入仓内经过平仓振捣后，在覆盖上层混凝土前其表面以下5～10cm深处的温度
4－94	混凝土泌水量	bleeding capacity of concrete	S_c	千克每立方米	kg/m^3	单位体积混凝土在运输与浇筑过程中分泌出来的水量
4－95	混凝土配合比	mixture proportions of concrete	m	—		混凝土中水泥和掺合材料、水、粗细骨料及外加剂之间的比例关系

续表

序号	量的名称	英文名称	量的符号	单位名称	单位符号	量的定义
4-96	混凝土水灰比	water cement ratio of concrete	W_e	—		拌和单位体积混凝土所需的用水量与其水泥用量的比值
4-97	混凝土养护时间	curing time of concrete	t_c	日，（天）	d	保持已浇混凝土能良好固结硬化环境条件所需的时间
4-98	混凝土终凝时间	final setting time of concrete	t_f	［小］时，（分［钟］）	h，min	混凝土浇筑后达到固结硬化所需的时间
4-99	给水量	water supply discharge	Q_s，q_s	立方米每秒	m^3/s	单位时间内供给生活、生产、市政及消防用水的总水量
4-100	集水面积，流域面积	watershed area	A	平方千米	km^2	流域分水线所包围的面积
4-101	降水历时	duration of precipitation	t	［小］时，（分［钟］，日）	h，(min，d)	一次降水所持续的时间
4-102	降水入渗补给量	infiltration recharge by rainfall	M	立方米	m^3	降水渗入地表层下补给地下水的水量

续表

序号	量的名称	英文名称	量的符号	单位名称	单位符号	量的定义
4-103	节点流量	discharge at node	Q_d	升每秒	L/s	管网中一个节点上各管段用水流量总和的一半
4-104	经济可开发的水能资源	economically feasible hydropower resources	Q	立方米	m^3	存在于河流或湖泊中，在当前技术水平条件下，具有经济可开发价值的水能资源的量值
4-105	经济流速	economical flow velocity	V_e	米每秒	m/s	对应于投资费用与管理费用最小的水流速度
4-106	径流总量	runoff volume	W	立方米	m^3	在一定时段内通过测验断面的总水量
4-107	净水头	net head	H_n	米	m	水电站的毛水头减去发电水流在输水道内的全部水头损失后的水头
4-108	净吸入扬程	net positive suction head	H_n	米	m	第一级叶轮进口处总水头（以叶轮基准位置为基准）与水的饱和汽压水头之差
4-109	净雨历时	duration of effective precipitation	t_c	［小］时	h	地面产流后的降雨历时

续表

序号	量的名称	英文名称	量的符号	单位名称	单位符号	量　的　定　义
4-110	净雨［量］	net rainfall	h	毫米	mm	暴雨扣去损失后产生地面径流的那部分雨量
4-111	［局部］水头损失	local head loss	h_j	米	m	水体流动时，由于边壁形状突变等引起的水头损失
4-112	绝对湿度	absolute humidity	a	克每立方米	g/m^3	单位体积空气中所含的水质量
4-113	抗渗等级	infiltration resistance index	ω	帕［斯卡］	Pa	28d龄期的混凝土标准试件在标准试验方法下能承受的最大水压力值
4-114	可供水量	available water	Q，q	立方米每日	m^3/d	单位时间水源工程可能提供水量的总和
4-115	孔隙水压力	pore water pressure	p_v	帕［斯卡］	Pa	土体中由孔隙水所承受的压力
4-116	浪压力	wave pressure	P_w	牛［顿］	N	波浪对建筑物产生的作用力
4-117	励磁电流	excitation current	I	安［培］	A	动力机供给励磁绕组产生磁场的电流

续表

序号	量的名称	英文名称	量的符号	单位名称	单位符号	量的定义
4-118	励磁电压	excitation voltage	V	伏［特］	V	励磁机绕组两端的电压
4-119	临界底坡	critical bed slope	i_c	—		正常水深等于该流量相应的临界水深时的明渠槽底坡度
4-120	临界空化系数	critical cavitation coefficient	σ_C	—		在模型空化试验中用能量法确定的临界状态的空化系数
4-121	临界雷诺数	critical Reynolds number	Re_c	—		水流从层流状态转变到紊流状态的雷诺数
4-122	临界流速	critical velocity	v_c	米每秒	m/s	临界流动时的断面平均流速
4-123	临界水力坡降	critical hydraulic slope	S_c，J_c	—		不产生流土或管涌现象的最大水力坡降或开始产生流土或管涌时的界限坡降
4-124	临界水深	critical depth	h_c	米	m	河（渠）中某断面发生临界流时的水深
4-125	流向偏角	oblique angle of flow	Θ	度	°	测验断面上各点水流运动的方向与垂直于断面线的方向线间的夹角

续表

序号	量的名称	英文名称	量的符号	单位名称	单位符号	量的定义
4-126	陆面蒸发量	land evaporation	ET_g	毫米	mm	一定时段内，由植物散发和土壤蒸发到大气的水量
4-127	露点	dew-point [temperature]	T_d	摄氏度	℃	气压及水汽含量保持不变条件下，未饱和空气因降温冷却至水汽饱和状态的温度
4-128	滤速	filtration velocity	V_f	米每[小]时	m/h	污水经过滤床的速度
4-129	脉动流速	fluctuating velocity	u'，v'	米每秒	m/s	某一瞬时通过空间某一固定点水流质点的瞬时速度与其时间平均流速的差值
4-130	脉动压力，脉动压强	fluctuating pressure	p'	帕[斯卡]	Pa	液流中任一点瞬时压强与其时间平均压强的差
4-131	毛水头	gross head	H_t	米	m	水电站进口断面与尾水出口断面的水位差
4-132	面[暴]雨量	areal precipitation	P，H	毫米	mm	一定时段内降落于某一面积上的平均雨量

续表

序号	量的名称	英文名称	量的符号	单位名称	单位符号	量的定义
4-133	磨损量	amount of abrasion	ΔH A G V	毫米 平方厘米 千克 立方厘米	mm cm^2 kg cm^3	水流携带泥沙对流道表面所造成的材料流失量。磨损量可用磨损深度 ΔH、磨损面积 A、质量损失 G 或体积损失 V 等表示
4-134	模型变态率	degree of distortion	n	—		模型的水平比尺与垂直比尺的比值
4-135	泥浆含沙量，泥浆密度	sediment concentration of slurry	S，ρ_s	千克每立方米	kg/m^3	单位体积泥浆中的干沙量
4-136	泥浆胶体率	colloid factor of slurry	ρ	—		泥浆中胶体体积与总体积的比
4-137	泥浆失水量	water loss of slurry	ΔV	升每［小］时	L/h	受外界压力，泥浆在单位时间内分离出来的游离水量
4-138	年降水量	annual precipitation	P_y	毫米	mm	一年内降落在一定面积上的总水量（以深度计）

续表

序号	量的名称	英文名称	量的符号	单位名称	单位符号	量的定义
4-139	年径流量	annual runoff	Q	立方米	m^3	一年内流经河道上指定断面的全部水量
4-140	农田灌溉耗水量	irrigation water consumption	M	立方米	m^3	农田灌溉过程中，作物蒸腾、棵间蒸散发、渠系水面蒸发和浸润损失等所消耗的水量
4-141	排水量	displacement	W	吨	t	船舶自由浮于静水面时所排开水的质量
4-142	排污率	blow factor of down	P	—		循环水需要排放的污水量与总水量的比
4-143	[配套]功率备用系数	spare coefficient of power	K	—		配套动力机械的额定（标定）功率与可能出现最大轴功率的比值
4-144	喷灌喷洒均匀系数	uniformity of sprinkler irrigation	C_u	—		喷洒水量在灌溉面积上的均匀分布的程度
4-145	喷灌强度	sprinkler irregation intensity	ρ	毫米每分[钟]	mm/min	单位时间喷洒到地面上的水深

续表

序号	量的名称	英文名称	量的符号	单位名称	单位符号	量的定义
4-146	喷射仰角	inclination of jet flow	α	度	°	喷头射出的压力水，其水舌切线与水平面的夹角
4-147	平均后损率	mean latter losses rate	$\hat{f}$	毫米每［小］时	mm/h	后期损失的平均入渗率
4-148	平均粒径	average diameter	d_m，D_m	毫米	mm	各粒径组的平均粒径以其相应的沙量百分数加权平均所求得的粒径
4-149	平均输沙率	mean sediment discharge	$\hat{Q}_s, \hat{q}_s$	千克每秒	kg/s	某时段内逐日平均输沙率的平均值
4-150	起点距	distance from initial point	L	米	m	测验断面上的固定起始点至某一垂线的水平距离
4-151	起动流速	competent velocity	v_i	米每秒	m/s	使床面泥沙颗粒从静止状态转入运动的临界状态时的水流垂线平均流速
4-152	前期影响雨量	antecedent precipitation	P_a	毫米	mm	衡量某次降雨前流域干湿程度的指标

续表

序号	量的名称	英文名称	量的符号	单位名称	单位符号	量的定义
4-153	潜水蒸发量	phreatic water evaporation	ET_w	毫米	mm	在毛细管作用下，潜水向包气带输送水分，并通过土壤蒸发或/和植物蒸腾进入大气的水量
4-154	渠床糙率	roughness of canal bed	n_c	—		表示渠道表面粗糙程度的无因次数
4-155	渠道断面宽深比	ratio of bottom width to water depth in canal	β	—		渠道底宽与渠中水深的比值
4-156	渠道设计流量	design discharge of canal	Q_d，(q_d)	立方米每秒	m^3/s	按照灌溉设计标准，渠道需要通过的最大流量
4-157	渠道输水损失	water conveyance losses in canal	W_c	立方米	m^3	渠道输配水过程中的渗漏、蒸发和冰冻等水量损失
4-158	渠底坡降，渠道利用系数	gradient of canal	i	—		渠道上、下游两个断面的渠底高差与该渠段水平长度的比值

续表

序号	量的名称	英文名称	量的符号	单位名称	单位符号	量的定义
4-159	绕渗流量	by-pass discharge	Q_s，q_s	立方米每秒	m^3/s	从闸、坝上游绕过两岸连接建筑物，或经堤岸透水区流向下游的渗流量
4-160	溶解氧浓度	concentration of dissolved oxygen	C_{DO}	毫克每升	mg/L	以分子状态溶于水中或污水中的氧浓度
4-161	入流量	inflow discharge	I	立方米每秒	m^3/s	进入水库或河段的流量
4-162	砂料细度模数	fineness modulus of sand	M	—		砂料筛分试验中各号筛余百分数累计总和除以100之值
4-163	筛［孔］径	sieve diameter	d	毫米	mm	筛孔的直径
4-164	设计［暴］雨量	design rainstorm	H_p	毫米	mm	符合设计标准的暴雨量
4-165	设计保证率	design probability of insurance	P	—		规划设计中，正常用水得到保证的程度
4-166	设计净雨量	design net rainfall	P_d	毫米	mm	设计暴雨扣去损失后产生地面径流的雨量

续表

序号	量的名称	英文名称	量的符号	单位名称	单位符号	量的定义
4-167	设计频率	design frequency	P_d	—		规划设计所依据的某水文要素出现的频率,%
4-168	设计水头	design head	H_d	米	m	保证水电站水轮发电机组发出额定出力时的最小水头
4-169	设计重现期	design return period	T_d	年	a	符合设计标准的平均的重现间隔期
4-170	射流直径	jet diameter	D	米	m	射流离开喷嘴出口后的最小直径
4-171	渗透力	seepage force	p_w	千牛［顿］每立方米	kN/m^3	单位体积土内土骨架上受到的渗透水流的拖拽力，系体积力
4-172	渗透压力	seepage pressure	P_s	牛［顿］	N	水在建筑物及地基内渗流而产生的力
4-173	生［物］化［学］需氧量，BOD	biochemical oxygen demand	C_{BOD}	毫克每升	mg/L	在微生物作用下，有机化合物最终分解成简单的无机物质，在这一过程中消耗的氧数量
4-174	生态环境需水量	ecoenvironmental water demand	W	立方米	m^3	维持河道、通河湖泊湿地、河口等生态功能的最小需水量

续表

序号	量的名称	英文名称	量的符号	单位名称	单位符号	量的定义
4-175	视密度，表观密度	apparent density	ρ'	千克每立方米	kg/m^3	包括孔隙在内的单位外观体积的质量
4-176	收缩系数	coefficient of contraction	C	—		收缩断面面积与原断面面积之比
4-177	水泵安装高度，水泵安装高程	setting height of pump	h_s	米	m	水泵基准面与设计最低下水位间的垂直距离
4-178	水泵机械效率	mechanical efficiency of pump	η_m	—		水泵叶轮的机械功率与水泵的输入功率的比值
4-179	水泵流量	pump discharge	Q_p	立方米每秒	m^3/s	单位时间内自水泵出口流出的液体体积
4-180	水泵输出功率	output power of pump	W_o	瓦［特］	W	水泵传给它所输送的液体的水力功率
4-181	水泵输入功率	input power of pump	W_i	瓦［特］	W	传递给泵轴的净机械功率

续表

序号	量的名称	英文名称	量的符号	单位名称	单位符号	量的定义
4-182	水泵效率	pump efficiency	η_p	—		水泵有效功率与轴功率的比值
4-183	水泵叶片安放角	blade angle of pump	β	度	°	叶片外缘进出水边上两点的轴间距离除以该两点间弧长正弦值的角度
4-184	水泵轴功率	shaft power of pump	P_s	千瓦［特］	kW	水泵主轴从动力机获得的功率
4-185	水泵装置扬程	water head of pump	H_{sy}	米	m	水泵出水管口与进（流）道口断面的水位差
4-186	水泵总扬程	pump head	H_t	米	m	单位质量的水从水泵进口到水泵出口所增加的能量
4-187	［水尺］零点高程	elevation of gauge zero	Z_0	米	m	水尺的零刻度线的高程
4-188	水电站净水头	net head of hydroelectric station	H_n	米	m	水轮机进、出口测量断面间的水头差
4-189	水电站设计水头	design head of hydroelectric station	H_d	米	m	水轮机在最高效率点运行时的水头

续表

序号	量的名称	英文名称	量的符号	单位名称	单位符号	量的定义
4-190	水电站装机容量，装机功率	power installed of hydroelectric power station	P_i	千瓦［特］	kW	水电站内水轮发电机额定功率的总和
4-191	水库渗漏量	reservoir leakage	W_s	立方米	m^3	在一定时段内水库中的水沿岩石裂缝或土壤空隙等途径渗漏的水量
4-192	水库水量损失	reservoir water loss	W_l	立方米	m^3	水库内蒸发、渗漏损失水量的总和
4-193	水库蓄水量	reservoir storage	W_s	立方米	m^3	某一时刻水库蓄水的总量
4-194	水流挟沙［能］力	carrying capacity of flow	S_c	千克每立方米	kg/m^3	在一定水流和边界条件下，单位体积水流能够输移的泥沙量
4-195	水轮机安装高程	turbine setting	Z_e	米	m	水轮机基准面的高程
4-196	水轮机工作水头	turbine net head	h	米	m	正常运行时水轮机进、出口断面的总水头差

续表

序号	量的名称	英文名称	量的符号	单位名称	单位符号	量的定义
4-197	水轮机机械效率	mechanical efficiency of turbine	η_m	—		水轮机输出功率与其转轮的机械功率之比
4-198	水轮机空化系数	cavitation coefficient of turbine	σ_t	—		表征水轮机空化发生条件和性能的无量纲系数。旧称气蚀系数
4-199	水轮机设计水头	design head of turbine	H_d	米	m	水轮机在最高效率点运行时的水头
4-200	水轮机输出功率	output power of turbine	P_o	千瓦［特］	kW	水轮机主轴输出的机械功率
4-201	水轮机输入功率	input power of turbine	P_i	千瓦［特］	kW	水轮机进口水流具有的水力功率
4-202	水轮机效率	turbine efficiency	Z_t	—		水轮机输出功率与其输入功率的比值，%
4-203	水轮机有效功率	effect power of turbine	P_e	千瓦［特］	kW	$P_e=9.81QH\eta$ 式中：Q 为水轮机流量；H 为水轮机水头；η 为水轮机效率

续表

序号	量的名称	英文名称	量的符号	单位名称	单位符号	量 的 定 义
4-204	水面比降	water surface slope	S	—		沿水流方向的水面高差除以相应水平距离
4-205	水面蒸发量	evaporation from water surface	ET_w	毫米	mm	在一定时段内，由地表水域的自由水面散入大气的水量
4-206	水土流失面积	area of water and soil loss	A_l	平方千米	km^2	水土流失区的面积
4-207	水土流失治理面积	controlled area of water and soil	A_c	平方千米	km^2	实施水土保持措施的面积
4-208	水位变幅	range of stage	ΔZ	米	m	一定时段内测点的最高水位与最低水位的差值
4-209	水跃高度	height of hydraulic jump	h_j，(a)	米	m	水跃跃前、跃后相应其共轭水深的两断面水深之差
4-210	水跃长度	length of hydraulic jump	l_j	米	m	水跃跃前、跃后相应其共轭水深的两断面之间的水平距离
4-211	体积吸水率	volume water absorption	w_V	—		材料吸水饱和时，所吸水分的体积占干燥材料体积的百分数，%

续表

序号	量的名称	英文名称	量的符号	单位名称	单位符号	量的定义
4－212	天然含水量	natural water content	w_{n}	—		天然状态下土中水的质量与土粒质量之比，%
4－213	天然密度	natural density	ρ_{n}	千克每立方米	kg/m^3	岩土在天然状态时单位体积的质量
4－214	田间耗水量	field water consumption	M_{s}	毫米	mm	在作物全生育期内消耗的作物需水量与田间渗漏量之和
4－215	调洪库容	flood control storage	V_{f}	立方米	m^3	校核洪水位至防洪限制水位之间的水库容积
4－216	调节库容，有效库容，兴利库容	regulating storage	V_{r}	立方米	m^3	水库正常蓄水位至死水位之间的库容
4－217	调节流量	regulated discharge	Q_{r}	立方米每秒	m^3/s	经水库调节后的供水期平均流量
4－218	通航保证率	navigation probability of insurance	P，d_{n}	—		保持某一通航水位时全年中允许正常通航的天数与全年总天数的比值

续表

序号	量的名称	英文名称	量的符号	单位名称	单位符号	量的定义
4-219	通航流量	navigation discharge	g，Q	立方米每秒	m^3/s	维持通航水深的必需的流量
4-220	通航流速	navigation velocity	v，v_n	米每秒	m/s	航道中以标准载重船舶的性能为标准所允许出现的最大流速
4-221	通航期	navigation period	T，T_n	日，（天）	d	一年中航道允许船舶行驶的时间
4-222	通航水深	navigation depth	H，h	米	m	航道按一定的通航保证率要求应保持的最小水深
4-223	土的干密度	dry density	ρ	千克每立方米	kg/m^3	单位体积干土的质量
4-224	土的内摩擦角	internal friction angle of soil	φ	度	°	土体剪切破坏时剪切面上作用力合力与剪切面法线间的夹角
4-225	土的外摩擦角	external friction angle of soil	δ	度	°	土与其他材料接触面发生剪切破坏时（开始相对位移）剪切面上的合力与剪切面法线之间的交角
4-226	土壤饱和含水量，全持水量	saturated water content	M_u	—		土壤中的全部孔隙被水充满时的含水量

续表

序号	量的名称	英文名称	量的符号	单位名称	单位符号	量的定义
4-227	土壤含水量，土壤含水率	soil moisture content	w_s	—		土壤中所含水分的数量占干土总量的百分数
4-228	土壤侵蚀厚度	soil erosion depth	E	毫米每年	mm/a	土壤侵蚀模数与土壤容重之比
4-229	土壤渗吸速度，土壤入渗率	soil infiltration velocity	ρ_i	毫米每［小］时	mm/h	在充分供水条件下，地表水向土壤中入渗的速度
4-230	土壤蒸发量	soil evaporation	ET_s	毫米	mm	土壤水分通过植株间的土面以汽态形式散入大气的数量
4-231	推移质输沙量	bed load discharge	W_b	千克	kg	一定时段内通过某过水断面的推移质泥沙总质量
4-232	推移质输沙率	bed load discharge flux	Q_b，G_b	千克每秒	kg/s	单位时间内通过河流某一断面的推移质泥沙质量
4-233	尾水位	tailwater level	H	米	m	水电站尾水出口断面的水面高程
4-234	蜗壳包角	nose angle of spiral casing	φ_n	度	°	蜗壳进口断面至蜗壳鼻端的蜗线部分所对应的中心角

续表

序号	量的名称	英文名称	量的符号	单位名称	单位符号	量的定义
4-235	污染负荷量	pollution load amount	W_p	克每日，（克每天）	g/d	污水中每日排出的氰、镉、六价铬、三价铬、苯酚等的总质量
4-236	吸出高度	static suction head	H_s	米	m	水轮机规定的空化基准面与尾水位的高程差
4-237	下渗强度，入渗强度	infiltration intensity	f	毫米每［小］时	mm/h	水分通过地表进入土壤的速率
4-238	消落深度，工作深度	permissible drawdown	h_d	米	m	水库从正常蓄水位下降至死水位之间的水层深度
4-239	楔形库容	wedge storage	V_w	立方米	m^3	坝前水位水平面以上与洪水实际水面之间的水库容积
4-240	行近流速	approach velocity	v_a	米每秒	m/s	水流过堰、闸之前，靠近堰、闸的上游的平均流速
4-241	虚流量	virtual discharge	Q_f	立方米每秒	m^3/s	用浮标法得的流速与过水断面面积相乘求得的流量
4-242	徐变速率	creep rate	v	毫米每［小］时	mm/h	在恒定的有效应力作用下，岩土变形随时间变化的快慢程度

续表

序号	量的名称	英文名称	量的符号	单位名称	单位符号	量的定义
4-243	悬移质输沙量	total quantity of suspended load discharge	W_s	千克	kg	一定时段内通过河道某一过水断面的悬移质泥沙的质量
4-244	悬移质输沙率	suspended load discharge	Q_s，G_s，Q_{sb}	千克每秒	kg/s	单位时间内通过河道某一断面的悬移质泥沙的质量
4-245	岩石饱水系数	moisture-laden coefficient of rock	K_w	—		岩石吸水率与岩石饱水率之比
4-246	岩石软化系数	softening coefficient of rock	K_s	—		岩石饱水状态下的抗压强度与干燥状态下的抗压强度的比
4-247	堰上水头	weir head	H	米	m	在堰壁上游大于（3～4）H、自由水面无明显降落处，从堰顶量到自由水面的垂直距离
4-248	影响半径	radius of influence	R	米	m	抽取地下水在补排平衡时漏斗降落中心至降落边缘的距离
4-249	用水量	water use	W	立方米	m^3	分配给用户的包括输水损失在内的毛水量

续表

序号	量的名称	英文名称	量的符号	单位名称	单位符号	量的定义
4-250	有效波高	effective wave height	$h_{1/3}$，h_e	米	m	不规则波中将波高按大小依次排列，前1/3波高的平均值
4-251	有效波长	effective wave length	$\lambda_{1/3}$，λ_e	米	m	不规则波中将波长按大小依次排列，前1/3波长的平均值
4-252	有效降雨量	effective precipitation	R_e	毫米	mm	一次降雨中形成径流的那部分降雨量
4-253	有效库容	effective reservoir capacity	V_e	立方米	m^3	正常蓄水位至死水位之间的水库容积
4-254	有效粒径	effective diameter	d_{10}	毫米	mm	粒径分布曲线上土粒累计质量百分数为10%的粒径
4-255	预见期	forecast time	t	[小]时	h	从发布项目预报到项目发生所隔的时间
4-256	允许变形	allowable deformation	δ_a	毫米	mm	为使上部结构不受损坏并保持良好工作状态，对地基的沉降、水平位移和其他变位量所提出的限制量

续表

序号	量的名称	英文名称	量的符号	单位名称	单位符号	量 的 定 义
4-257	涨潮历时	duration of flood tide	t_t	[小] 时	h	从低潮位至随后的高潮位的间隔时间
4-258	正常蓄水位	normal water level	Z_n	米	m	水库正常运用情况下按设计兴利要求在供水期开始时应蓄到的水位
4-259	植被覆盖度	vegetation coverage degree	S_v	—		单位面积内植被（包括叶、茎、枝）的垂直投影面积所占百分比,%
4-260	植被覆盖率	vegetation coverage rate	C_v	—		在某一区域内，符合一定标准的（或采取标准折合方法）确定的有林地和草地的面积占该区域土地总面积的百分比,%
4-261	质量吸水率	water absorption	w_m	—		材料吸水饱和时，所吸收水分的质量占干燥材料质量的百分数,%
4-262	总库容	total storage	V_t	立方米	m^3	校核洪水位以下的水库库容
4-263	总有机碳量	total organic carbon	C_{TOC}	毫克每升	mg/L	单位水体中有机物质的含碳量

续表

序号	量的名称	英文名称	量的符号	单位名称	单位符号	量的定义
4－264	最大时雨强度，雨力	maximum one－hour rainfall strength	S	毫米每［小］时	mm/h	历时为 1h 的最大平均雨强
4－265	最高日用水量	maximum daily mean water consumption	Q_d，q_d	立方米每日	m^3/d	供水期内日用水量的最高值
4－266	最优含水率	optimum moisture content	w_{op}	—		击实或压实试验所得的干密度与含水率关系曲线上相应于峰值点的含水率
4－267	作物耐淹时间	duration of submergence tolerance of crop	t	日	d	农作物在生长期能够耐受涝水淹没的允许时间
4－268	作物耐淹水深	water depth of submergence tolerance of crop	h	毫米	mm	农作物在生长期能够耐受涝水淹没的平均水深

附　　录

一、《水利技术标准体系表》框架结构

2014 年 11 月水利部发布《水利技术标准体系表》。根据标准体系内在特征和水利行业具体特点，以及标准体系框架的传承性，建立了《水利技术标准体系表》框架结构（见下图），由专业门类、功能序列构成。

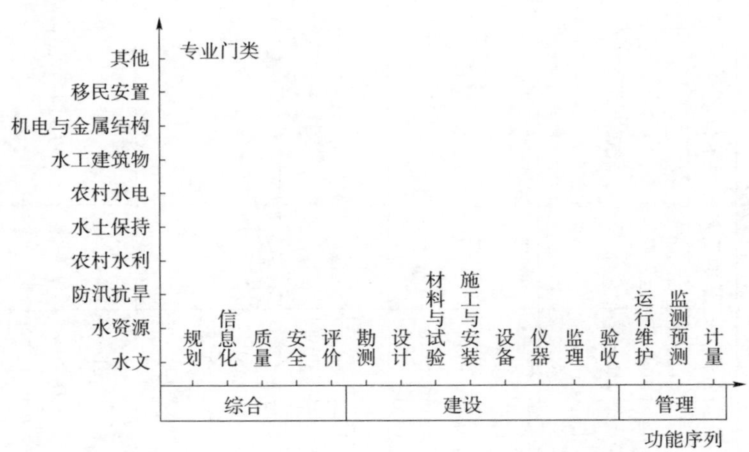

(1) 专业门类。与水利部政府职能和施政领域密切相关，反映水利事业的主要对象、作用和目标，体现了水利行业的特色，包括水文、水资源、防汛抗旱、农村水利、水土保持、农村水电、水工建筑物、机电与金属结构、移民安置、其他。具体见表 5。

表 5　　专 业 门 类

专 业 门 类	包括范围及解释说明
水文	站网布设，水文监测，情报预报，资料整编，水文仪器设备等
水资源	水资源规划，水资源论证，非常规水源利用，地下水开发利用，入河排污口设置，水源地保护，水生态系统保护与修复等，水功能区划与管理，节水等
防汛抗旱	防洪、排涝，洪水调度，河道整治，水旱灾情评估，预案编制，及山洪，凌汛，堰塞湖等灾害防治
农村水利	农田水利灌溉排水，村镇供排水等
水土保持	水土保持监测，水土流失治理，水土保持植物措施、水土保持区划、水土流失、重点防治区划分等
农村水电	农村电气化，小水电建设，农村电网等
水工建筑物	基础工程，水库大坝，堤防，水闸、泵站、其他水工建筑物等
机电与金属结构	水力机械，工程机械，金属结构，电气输变电等
移民安置	移民规划、征地，移民安置等
其他	综合信息标准，政务，水利统计，水利风景区等难以归入上述专业类别的标准

（2）功能序列。为实现上述专业目标，所开展的水利工程建设和管理工作等，反映了国民经济和社会发展所具有的共性特征，包括三大类、十九小类。分别为综合（包括通用、规划、信息化、质量、安全、评价），建设（包括通用、勘测、设计、材料与试验、施工与安装、设备、仪器、监理、验收），管理（包括通用、运行维护、监测预测、计量）。具体见表 6。

表 6　　功 能 序 列

一级	二 级	包括范围及解释说明
综合	通用	包含标准化、术语、制图等
	规划	综合规划，专业规划，区域规划，工程规划等
	信息化	信息分类，编码、代码，信息采集、传输、交换、存储、处理，地理信息等
	质量	质量检测、质量评定等
	安全	劳动卫生与人员安全、安全检测、安全鉴定、安全要求等
	评价	经济、社会、环境、生态影响评价等
建设	通用	涉及以下分类中 2 个及以上类别的标准，或不属于其中任何一类的标准
	勘测	地形测绘，地质勘察等
	设计	水工、施工组织、机电及金属结构、管理设计、软件设计、三阶段文件编写规定等（此处不包括仪器设备的设计）
	材料与试验	混凝土，管材，土工合成材料，模（原）型试验方法、岩土试验、程序等
	施工与安装	施工通用技术，土建工程施工，机电及设备安装等
	设备	起重机，搅拌机、节水设备及产品、水泵等
	仪器	监测、检测仪器及实验器具或装置等
	监理	项目施工、设备制造监理等
	验收	阶段验收、专项验收、竣工验收等
管理	通用	涉及以下分类中 2 个及以上类别的标准，或不属于其中任何一类的标准
	运行维护	工程调度，运行操作，检修维护，降等，报废等
	监测预测	观测，监测，调查，统计分析，预测，预报等
	计量	计量方法，检定规程，计量仪器的检验、校验，校准方法标准等

二、常用单位换算系数表

常用单位换算系数，见表 7～表 20。凡单位名称带“*”者，为我国法定计量单位，其余为非法定计量单位。按规定，非法定计量单位应予废除。

表 7　　长度单位换算系数表

已知单位	所求单位							
	m	n mile	in	ft	yd	mile	fa	UK n mile
1 米 (m)*	1	5.399 57 $\times10^{-4}$	39.370 1	3.280 84	1.093 61	6.213 71 $\times10^{-4}$	0.546 807	5.396 12 $\times10^{-4}$
1 海里 (n mile)*	1.852 $\times10^{3}$	1	7.291 34 $\times10^{4}$	6 076.12	2.025 37 $\times10^{3}$	1.150 78	1.012 69 $\times10^{3}$	0.999 361
1 英寸 (in)	0.025 4	1.371 49 $\times10^{-5}$	1	0.083 333 3	0.027 777 8	1.578 28 $\times10^{-5}$	1.388 89 $\times10^{-2}$	1.370 61 $\times10^{-5}$
1 英尺 (ft)	0.304 8	1.645 79 $\times10^{-4}$	12	1	0.333 333	1.893 94 $\times10^{-4}$	0.166 667	1.644 74 $\times10^{-4}$
1 码 (yd)	0.914 4	4.937 37 $\times10^{-4}$	36	3	1	5.681 82 $\times10^{-4}$	0.5	4.934 21 $\times10^{-4}$

续表

已知单位	所求单位							
	m	n mile	in	ft	yd	mile	fa	UK n mile
1 英里 (mile)	1.609 344 $\times 10^3$	0.868 976	6.336$\times 10^4$	5.28$\times 10^3$	1.76$\times 10^3$	1	8.8$\times 10^2$	0.868 421
1 英寻 (fa)	1.828 8	9.874 73 $\times 10^{-4}$	72	6	2	1.136 36 $\times 10^{-3}$	1	9.868 42 $\times 10^{-4}$
1 英海里 (UK n mile)	1.853 18 $\times 10^3$	1.000 64	7.296 $\times 10^4$	6.08$\times 10^3$	2.026 67 $\times 10^3$	1.151 52	1.013 33 $\times 10^3$	1

表 8 面积单位换算系数表

已知单位	所求单位										
	m^2	hm^2	km^2	in^2	ft^2	yd^2	亩	acre	$mile^2$	a	ha
1 平方米 (m^2)*	1	1×10^{-4}	1×10^{-6}	1.550 $\times 10^3$	1.076 39 $\times 10$	1.195 99	0.15 $\times 10^{-2}$	2.471 05 $\times 10^{-4}$	3.861 02 $\times 10^{-7}$	1×10^{-2}	1×10^{-4}

续表

已知单位	所求单位										
	m^2	hm^2	km^2	in^2	ft^2	yd^2	亩	acre	$mile^2$	a	ha
1 公顷 (hm^2)*	1×10^4	1	1×10^{-2}	1.550×10^7	$1.076\ 39\times10^5$	$1.195\ 99\times10^4$	15	2.471 05	$3.861\ 02\times10^{-3}$	1×10^2	1
1 平方公里 (km^2)*	1×10^6	1×10^2	1	1.550×10^9	$1.076\ 39\times10^7$	$1.195\ 99\times10^8$	1.5×10^3	$2.471\ 05\times10^2$	$3.861\ 02\times10^{-1}$	1×10^4	1×10^2
1 平方英寸 (in^2)	$6.451\ 6\times10^{-4}$	$6.451\ 6\times10^{-8}$	$6.451\ 6\times10^{-10}$	1	$6.944\ 44\times10^{-3}$	$7.716\ 05\times10^{-4}$	$9.677\ 42\times10^{-7}$	$1.594\ 23\times10^{-7}$	$2.490\ 98\times10^{-10}$	$6.451\ 6\times10^{-6}$	$6.451\ 6\times10^{-8}$
1 平方英尺 (ft^2)	0.092 903 0	$9.290\ 30\times10^{-6}$	$9.290\ 30\times10^{-8}$	144	1	0.111 111	$1.393\ 55\times10^{-4}$	$2.295\ 68\times10^{-5}$	$3.587\ 01\times10^{-8}$	$9.290\ 30\times10^{-4}$	$9.290\ 30\times10^{-6}$
1 平方码 (yd^2)	0.836 127	$8.361\ 27\times10^{-5}$	$8.361\ 27\times10^{-7}$	1 296	9	1	$1.254\ 19\times10^{-3}$	$2.066\ 12\times10^{-4}$	$3.228\ 31\times10^{-7}$	$8.361\ 27\times10^{-3}$	$8.361\ 27\times10^{-5}$
1 亩	$6.666\ 67\times10^2$	$6.666\ 67\times10^{-2}$	$6.666\ 67\times10^{-4}$	$1.033\ 33\times10^6$	$7.175\ 93\times10^3$	$7.973\ 27\times10^2$	1	0.164 666	$2.574\ 01\times10^{-4}$	6.666 67	$6.666\ 67\times10^{-2}$
1 英亩 (acre)	$4.046\ 86\times10^3$	$4.046\ 86\times10^{-1}$	$4.046\ 86\times10^{-3}$	$6.272\ 640\times10^6$	$4.356\ 0\times10^4$	4.840×10^3	6.072 90	1	$1.562\ 50\times10^{-3}$	40.468 6	$4.046\ 86\times10^{-1}$
1 平方英里 ($mile^2$)	$2.589\ 99\times10^6$	$2.589\ 99\times10^2$	2.589 99	$4.014\ 49\times10^9$	$2.787\ 84\times10^7$	$3.097\ 60\times10^6$	$3.884\ 99\times10^3$	640	1	25 899.9	$2.589\ 99\times10^2$
1 公亩 (a)	1×10^2	1×10^{-2}	1×10^{-4}	$1.550\ 00\times10^5$	$1.076\ 39\times10^3$	$1.195\ 99\times10^2$	0.15	$2.471\ 05\times10^{-2}$	$3.861\ 02\times10^{-5}$	1	1×10^{-2}

表 9　　体积、容积单位换算系数表

已知单位	所求单位								
	m^3	L，(l)	in^3	ft^3	yd^3	UK floz	US floz	UK gal	US gal
1 立方米 (m^3)*	1	1×10^3	6.102 37 $\times10^4$	3.531 47 $\times10$	1.307 95	3.519 51 $\times10^4$	3.381 4 $\times10^4$	2.199 69 $\times10^2$	2.641 72 $\times10^2$
1 升 [L，(l)]*	1×10^{-3}	1	6.102 37 $\times10$	3.531 47 $\times10^{-2}$	1.307 95 $\times10^{-3}$	3.519 51 $\times10$	3.381 4 $\times10$	2.199 69 $\times10^{-1}$	2.641 72 $\times10^{-1}$
1 立方英寸 (in^3)	1.637 064 $\times10^{-5}$	1.638 706 4 $\times10^{-2}$	1	5.787 04 $\times10^{-4}$	2.143 35 $\times10^{-5}$	5.767 44 $\times10^{-1}$	5.541 13 $\times10^{-1}$	3.604 65 $\times10^{-3}$	4.329 $\times10^{-3}$
1 立方英尺 (ft^3)	2.831 68 $\times10^{-2}$	2.831 68 $\times10$	1.728 $\times10^5$	1	3.703 7 $\times10^{-2}$	9.966 11 $\times10^2$	9.570 4 $\times10^2$	6.228 83	7.480 52
1 立方码 (yd^3)	7.645 55 $\times10^{-5}$	7.645 55 $\times10^2$	4.665 6 $\times10^4$	27	1	2.690 85 $\times10^4$	2.585 26 $\times10^4$	1.681 78 $\times10^2$	2.019 73 $\times10^2$
1 英液盎司 (UK floz)	2.843 1 $\times10^{-5}$	2.841 31 $\times10^{-2}$	1.733 87	1.003 40 $\times10^{-3}$	3.716 29 $\times10^{-5}$	1	9.607 60 $\times10^{-1}$	6.249 99 $\times10^{-3}$	7.505 92 $\times10^{-3}$
1 美液盎司 (US floz)	2.957 35 $\times10^{-5}$	2.957 35 $\times10^{-2}$	1.804 69	1.044 38 $\times10^{-3}$	3.868 0 $\times10^{-5}$	1.040 84	1	6.505 28 $\times10^{-3}$	7.812 50 $\times10^{-3}$
1 英加仑 (UK gal)	4.546 09 $\times10^{-3}$	4.546 09	2.774 2 $\times10^2$	1.605 44 $\times10^{-1}$	5.946 08 $\times10^{-3}$	1.60×10^2	1.537 22 $\times10^2$	1	1.200 95

续表

已知单位	所求单位								
	m^3	L，(l)	in^3	ft^3	yd^3	UK floz	US floz	UK gal	US gal
1 美加仑 (US gal)	$3.785\ 41 \times 10^{-3}$	3.785 41	2.31×10^2	$1.336\ 81 \times 10^{-1}$	$4.951\ 14 \times 10^{-3}$	$1.332\ 28 \times 10^2$	$1.280\ 00 \times 10^2$	$8.326\ 74 \times 10^{-1}$	1

表 10

温度单位换算系数表

已知单位	所求单位				
	K	℃	℉	兰氏温度 °R	列氏温度 °R
热力学温度 T，K*	1	$T-273.15$	$(9/5)T-459.67$	$(9/5)T$	$(4/5)T-218.52$
摄氏温度 t,℃ *	$t+273.15$	1	$(9/5)t+32$	$(9/5)(t+273.15)$	$(4/5)t$
华氏温度 t_F,℉	$(5/9)(t_F+459.67)$	$(5/9)(t_F-32)$	1	$t_F+459.67$	$(4/9)(t_F-32)$
兰氏温度 t_R,°R	$(5/9)t_R$	$(5/9)t_R-273.15$	$t_R-459.67$	1	$(4/9)(t_R-491.67)$
列氏温度 t_R,°R	$(5/4)(t_R+218.52)$	$(5/4)t_R$	$(9/4)t_R+32$	$(9/4)t_R+491.67$	1

注：兰氏温度与列氏温度的单位通常都使用符号“°R”，列氏温度单位完整写法为“Reaunur”。使用时要注意单位的一致性。

表 11　　各种温度的绝对零度、水冰点、水三相点及沸点温度值表

温度单位	绝对零度	水冰点	水三相点	水沸点
热力学温度 K*	0	+273.15	+273.16	+373.15
摄氏温度 ℃	−273.15	0	+0.01	+100
华氏温度 ℉	−459.67	+32	+32.018 3	+212
兰氏温度 °R	0	+491.688	+491.682	+671.67
列氏温度 °R	−218.523	0	+0.008	+80

表 12　　质量单位换算系数表

已知单位	所求单位							
	kg	t	ton	US ton	cwt	sh cwt	lb	oz
1 千克 (kg)*	1	1×10^{-3}	$9.842\ 07\times10^{-4}$	$1.102\ 31\times10^{-3}$	$1.968\ 41\times10^{-2}$	$2.204\ 62\times10^{-2}$	2.204 62	$3.527\ 4\times10$
1 吨 (t)*	1×10^{3}	1	$9.842\ 07\times10^{-1}$	1.102 31	$1.968\ 41\times10$	$2.204\ 62\times10^{5}$	$2.204\ 62\times10^{3}$	$3.527\ 4\times10^{4}$
1 英吨 (ton)	$1.016\ 05\times10^{3}$	1.016 05	1	1.12	2.0×10	2.24×10	2.240×10^{3}	3.584×10^{4}
1 美吨 (US ton)	$9.071\ 85\times10^{2}$	$9.071\ 85\times10^{-1}$	$8.928\ 57\times10^{-1}$	1	$1.785\ 71\times10$	2.0×10	2×10^{3}	3.2×10^{4}

续表

已知单位	所求单位							
	kg	t	ton	US ton	cwt	sh cwt	lb	oz
1 英担 (cwt)	$5.080\,23 \times 10$	$5.080\,23 \times 10^{-2}$	5×10^{-2}	5.6×10^{-2}	1	1.12	1.12×10^{2}	1.792×10^{3}
1 美担 (sh cwt)	$4.535\,923\,7 \times 10$	$4.535\,923\,7 \times 10^{-2}$	$4.464\,29 \times 10^{-2}$	5×10^{-2}	$8.928\,57 \times 10^{-1}$	1	1×10^{2}	1.6×10^{3}
1 磅 (lb)	$4.535\,923\,7 \times 10^{-1}$	$4.535\,923\,7 \times 10^{-4}$	$4.464\,29 \times 10^{-4}$	5×10^{-4}	$8.928\,57 \times 10^{-5}$	1×10^{-2}	1	16
1 盎司 (oz)	$2.834\,95 \times 10^{-2}$	$2.834\,95 \times 10^{-5}$	$2.790\,18 \times 10^{-5}$	3.125×10^{-5}	$5.580\,36 \times 10^{-4}$	6.25×10^{-4}	6.25×10^{-2}	1

注："ton" 为英吨国际标准符号，有些文献也用 "UK ton"。

表 13　力单位换算系数表

已知单位	所求单位							
	N	dyn	lbf	ozf	tf	tonf	US tonf	kgf
1 牛［顿］(N)*	1	10^{5}	$2.248\,09 \times 10^{-1}$	3.596 94	$1.029\,72 \times 10^{-3}$	$1.00\,361 \times 10^{-4}$	$1.124\,05 \times 10^{-4}$	$1.019\,72 \times 10^{-1}$

续表

已知单位	所求单位							
	N	dyn	lbf	ozf	tf	tonf	US tonf	kgf
1 达因 (dyn)	10^{-5}	1	$2.248\ 09\times10^{-6}$	$3.596\ 94\times10^{-5}$	$1.019\ 72\times10^{-8}$	$1.003\ 61\times10^{-9}$	$1.124\ 05\times10^{-9}$	$1.019\ 72\times10^{-6}$
1 磅力 (lbf)	4.448 22	$4.448\ 22\times10^{5}$	1	16	$4.539\ 2\times10^{-4}$	$4.464\ 29\times10^{-4}$	5×10^{-4}	$4.535\ 92\times10^{-1}$
1 盎司力 (ozf)	0.278 014	$2.780\ 14\times10^{4}$	6.25×10^{-2}	1	$2.834\ 95\times10^{-5}$	$2.790\ 18\times10^{-5}$	3.215×10^{-5}	$2.834\ 95\times10^{-2}$
1 吨力 (tf)	$9.806\ 65\times10^{3}$	$9.806\ 65\times10^{8}$	$2.204\ 62\times10^{3}$	$3.527\ 39\times10^{4}$	1	$9.842\ 07\times10^{-1}$	1.102 31	1×10^{3}
1 英吨力 (tonf)	$9.964\ 02\times10^{3}$	$9.964\ 02\times10^{8}$	2.240×10^{3}	$3.584\ 0\times10^{4}$	1.016 05	1	1.12	$1.016\ 05\times10^{3}$
1 美吨力 (US tonf)	$8.896\ 44\times10^{3}$	$8.896\ 44\times10^{8}$	2.000×10^{3}	3.2×10^{4}	$9.071\ 847\times10^{-1}$	$8.928\ 57\times10^{-1}$	1	$9.071\ 88\times10^{2}$
1 千克力 (kgf)	9.806 65	$9.806\ 65\times10^{5}$	2.204 62	$3.527\ 40\times10$	1×10^{-3}	$9.842\ 07\times10^{-4}$	$1.102\ 31\times10^{-3}$	1

表 14 力矩单位换算系数表

已知单位	所求单位					
	N·m	kgf·m	dyn·cm	lbf·ft	lbf·in	tonf·ft
1 牛[顿]米 (N·m)*	1	$1.010\ 197\ 2 \times 10^{-1}$	1×10^{7}	$7.375\ 62 \times 10^{-1}$	8.850 75	$3.292\ 69 \times 10^{-4}$
1 千克力米 (kgf·m)	9.806 65	1	$9.806\ 65 \times 10^{7}$	7.233 01	$8.679\ 62 \times 10$	$3.229\ 02 \times 10^{-3}$
1 达因厘米 (dyn·cm)	1×10^{-7}	$1.019\ 72 \times 10^{-8}$	1	$7.375\ 62 \times 10^{-8}$	$8.850\ 75 \times 10^{-7}$	$3.293\ 69 \times 10^{-11}$
1 磅力英尺 (lbf·ft)	1.355 82	$1.382\ 55 \times 10^{-1}$	$1.355\ 82 \times 10^{7}$	1	12	$4.464\ 29 \times 10^{-4}$
1 磅力英寸 (lbf·in)	0.112 985	$1.152\ 12 \times 10^{-2}$	$1.129\ 85 \times 10^{6}$	$8.333\ 33 \times 10^{-2}$	1	$3.720\ 24 \times 10^{-5}$
1 英吨力英尺 (tonf·ft)	$3.037\ 03 \times 10^{3}$	$3.096\ 91 \times 10^{2}$	$3.037\ 03 \times 10^{10}$	2.240×10^{3}	$2.688\ 0 \times 10^{4}$	1

表 15 压力单位换算系数表

已知单位	所求单位							
	Pa(N/m^2)	bar	atm	kgf/cm^2	lbf/in^2	lbf/ft^2	mH_2O	mmHg
1 帕[斯卡](Pa)(N/m^2)*	1	9.869 23 $\times10^{-6}$	9.869 23 $\times10^{-6}$	1.019 72 $\times10^{-5}$	1.450 38 $\times10^{-4}$	2.088 54 $\times10^{-2}$	1.019 78 $\times10^{-4}$	7.500 62 $\times10^{-3}$
1 巴(bar)	1×10^5	1	0.986 923	1.019 72	1.450 38 $\times10$	2.088 54 $\times10^3$	1.019 78 $\times10$	7.500 62 $\times10^2$
1 标准大气压(atm)	1.013 250 $\times10^5$	1.013 25	1	1.033 23	1.469 59 $\times10$	2.116 21 $\times10^3$	1.033 29 $\times10$	7.6×10^2
1 千克力每平方厘米(kgf/cm^2)	9.806 65 $\times10^4$	9.806 65 $\times10^{-1}$	9.678 41 $\times10^{-1}$	1	1.422 33 $\times10$	2.048 16 $\times10^3$	1.0×10	7.355 59 $\times10^2$
1 磅力每平方英寸(lbf/in^2)	6.894 76 $\times10^3$	6.894 76 $\times10^{-2}$	6.804 60 $\times10^{-2}$	7.030 72 $\times10^{-2}$	1	144	7.031 14 $\times10^{-1}$	5.171 50 $\times10$
1 磅力每平方英尺(lbf/ft^2)	4.788 03 $\times10$	4.788 03 $\times10^{-4}$	4.725 42 $\times10^{-4}$	4.882 43 $\times10^{-4}$	6.944 44 $\times10^{-3}$	1	4.082 74 $\times10^{-3}$	3.591 31 $\times10^{-1}$

续表

已知单位	所求单位							
	Pa(N/m^2)	bar	atm	kgf/cm^2	lbf/in^2	lbf/ft^2	mH_2O	mmHg
1米水柱 (mH_2O)	9.806 65 $\times10^3$	9.806 65 $\times10^{-2}$	9.678 41 $\times10^{-2}$	1.0 $\times10^{-1}$	1.422 34	2.048 16 $\times10^2$	1	7.355 60 $\times10$
1毫米汞柱 (mmHg)	1.333 22 $\times10^2$	1.333 22 $\times10^{-3}$	1.315 79 $\times10^{-3}$	1.359 51 $\times10^{-3}$	1.933 68 $\times10^{-2}$	2.784 50	1.359 59 $\times10^{-2}$	1

表 16　功、能量、热单位换算系数表

已知单位	所求单位										
	J	kW · h	kgf · m	L · atm	ft · lbf	马力[小]时	HP · h	cal	cal_{th}	cal_{15}	Btu
1焦[耳] (J)*	1	2.777 78 $\times10^{-7}$	1.019 72 $\times10^{-1}$	9.869 23 $\times10^{-3}$	7.375 62 $\times10^{-1}$	3.776 72 $\times10^{-7}$	3.725 06 $\times10^{-7}$	2.388 46 $\times10^{-1}$	2.390 06 $\times10^{-1}$	2.389 20 $\times10^{-1}$	9.478 17 $\times10^{-4}$
1千瓦[特][小]时 (kW · h)*	3.6 $\times10^6$	1	3.670 98 $\times10^5$	3.552 92 $\times10^4$	2.655 22 $\times10^6$	1.359 62	1.341 02	8.598 45 $\times10^5$	8.604 21 $\times10^5$	8.601 12 $\times10^5$	3.412 14 $\times10^3$

续表

已知单位	所求单位									
	J	kW·h	kgf·m	L·atm	ft·lbf	马力[小]时	HP·h	cal	cal_{th}	cal_{15}	Btu
1千克力米 (kgf·m)	9.806 65	$2.724\ 07 \times 10^{-6}$	1	$9.678\ 41 \times 10^{-2}$	7.233 01	$3.703\ 70 \times 10^{-6}$	$3.653\ 04 \times 10^{-6}$	2.342 28	2.343 85	2.343 00	$9.294\ 91 \times 10^{-3}$
1升标准大气压 (L·atm)	$1.013\ 25 \times 10^{2}$	$2.814\ 58 \times 10^{-5}$	$1.033\ 23 \times 10$	1	$7.473\ 35 \times 10$	$3.826\ 76 \times 10^{-5}$	$3.774\ 42 \times 10^{-5}$	$2.420\ 11 \times 10^{5}$	$2.421\ 73 \times 10$	$2.420\ 86 \times 10$	$9.603\ 76 \times 10^{-2}$
1英尺磅力 (ft·lbf)	1.355 82	$3.766\ 16 \times 10^{-7}$	$1.382\ 55 \times 10$	$1.338\ 09 \times 10^{-2}$	1	$5.120\ 55 \times 10^{-7}$	$5.050\ 51 \times 10^{-7}$	$3.238\ 32 \times 10^{-1}$	$3.240\ 48 \times 10^{-1}$	$3.239\ 32 \times 10^{-1}$	$1.285\ 07 \times 10^{-3}$
1马力[小]时	$2.647\ 80 \times 10^{6}$	$7.355\ 00 \times 10^{-1}$	2.7×10^{5}	$2.613\ 17 \times 10^{4}$	$1.952\ 92 \times 10^{6}$	1	$0.986\ 321 \times 10^{-2}$	$6.324\ 16 \times 10^{5}$	$6.328\ 40 \times 10^{5}$	$6.326\ 12 \times 10^{5}$	$2.509\ 63 \times 10^{3}$
1英马力[小]时 (HP·h)	$2.684\ 52 \times 10^{6}$	$7.457\ 00 \times 10^{-1}$	$2.737\ 45 \times 10^{5}$	$2.649\ 41 \times 10^{4}$	1.98×10^{6}	1.013 87	1	$6.411\ 86 \times 10^{5}$	$6.416\ 16 \times 10^{5}$	$6.413\ 86 \times 10^{5}$	$2.544\ 43 \times 10^{3}$
1卡(cal)	4.186 8	1.163×10^{-6}	$4.269\ 36 \times 10^{-1}$	$4.132\ 05 \times 10^{-2}$	3.088 03	$1.581\ 24 \times 10^{-6}$	$1.559\ 61 \times 10^{-6}$	1	1.000 67	1.000 31	$3.968\ 32 \times 10^{-3}$

续表

已知单位	所求单位									
	J	kW·h	kgf·m	L·atm	ft·lbf	马力[小]时	HP·h	cal	cal_{th}	cal_{15}	Btu
1 热化学卡(cal_{th})	4.184	1.162 22 $\times10^{-6}$	4.266 51 $\times10^{-1}$	4.129 29 $\times10^{-2}$	3.085 96	1.580 18 $\times10^{-6}$	1.558 57 $\times10^{-6}$	9.993 31 $\times10^{-1}$	1	9.996 42 $\times10^{-1}$	3.965 67 $\times10^{-3}$
15℃卡(cal_{15})	4.185 5	1.162 64 $\times10^{-6}$	4.268 04 $\times10^{-1}$	4.130 77 $\times10^{-2}$	3.087 07	1.580 75 $\times10^{-6}$	1.559 12 $\times10^{-6}$	9.996 90 $\times10^{-1}$	1.000 36	1	3.967 09 $\times10^{-3}$
1 英热单位(Btu)	1.055 06 $\times10^{3}$	2.930 71 $\times10^{-4}$	1.075 87 $\times10^{2}$	1.041 26 $\times10$	7.781 69 $\times10^{2}$	3.984 67 $\times10^{-4}$	3.930 15 $\times10^{-4}$	2.519 96 $\times10^{2}$	2.521 64 $\times10^{2}$	2.520 74 $\times10^{2}$	1

表 17 功率单位换算系数表

已知单位	所求单位							
	kW	kgf·m/s	马力	ft·lbf/s	HP	cal/s	kcal/h	Btu/h
1 千瓦[特](kW)*	1	1.019 72 $\times10^{2}$	1.359 62	7.375 62 $\times10^{2}$	1.341 02	2.388 46 $\times10^{2}$	8.598 45 $\times10^{2}$	3.412 14 $\times10^{3}$
1 千克力米每秒(kgf·m/s)	9.806 65 $\times10^{-3}$	1	1.333 33 $\times10^{-2}$	7.233 01	1.315 09 $\times10^{-2}$	2.342 28	8.432 203	3.461 7

续表

已知单位	所求单位							
	kW	kgf·m/s	马力	ft·lbf/s	HP	cal/s	kcal/h	Btu/h
1马力	7.354 99 $\times10^{-1}$	75	1	542.476	9.863 20 $\times10^{-1}$	1.756 71 $\times10^{2}$	6.324 15 $\times10^{2}$	2.509 53 $\times10^{3}$
1英尺磅力每秒(ft·lbf/s)	1.355 82 $\times10^{-3}$	1.382 55 $\times10^{-1}$	1.843 40 $\times10^{-3}$	1	1.818 18 $\times10^{-3}$	3.238 32 $\times10^{-1}$	1.165 79	4.626 24
1英马力(HP)	7.457 00 $\times10^{-1}$	76.040 2	1.013 87	550	1	1.781 07 $\times10^{2}$	6.411 86 $\times10^{2}$	2.544 43 $\times10^{3}$
1卡每秒(cal/s)	4.186 8 $\times10^{-3}$	4.269 35 $\times10^{-1}$	5.692 46 $\times10^{-3}$	3.088 03	5.614 59 $\times10^{-3}$	1	3.6	14.286 0
1千卡每[小]时(kcal/h)	1.163 $\times10^{-3}$	1.185 93 $\times10^{-1}$	1.581 24 $\times10^{-3}$	8.577 85 $\times10^{-1}$	1.559 61 $\times10^{-3}$	2.777 78 $\times10^{-1}$	1	3.968 32
1英热单位每[小]时(Btu/h)	2.930 71 $\times10^{-4}$	2.988 49 $\times10^{-2}$	3.984 66 $\times10^{-4}$	2.161 58 $\times10^{-1}$	3.930 15 $\times10^{-4}$	6.999 88 $\times10^{-2}$	2.519 96 $\times10^{-1}$	1

表 18　　密度单位换算系数表

已知单位	所求单位							
	kg/m^3	kg/L	t/m^3	lb/in^3	lb/ft^3	UK ton/yd^3	lb/UK gal	lb/US gal
1 千克每立方米 (kg/m^3)*	1	1×10^{-3}	1×10^{-3}	3.61273×10^{-5}	6.24280×10^{-2}	7.52480×10^{-4}	1.00224×10^{-2}	8.34540×10^{-3}
1 千克每升 (kg/L)*	1×10^{3}	1	1	3.61273×10^{-2}	6.24280×10	7.52480×10^{-1}	1.00224×10	8.345 40
1 吨每立方米 (t/m^3)*	1×10^{3}	1	1	3.61273×10^{-2}	6.24280×10	7.52480×10^{-1}	1.00224×10	8.345 40
1 磅每立方英寸 (lb/in^3)	2.76799×10^{4}	2.76799×10	2.76799×10	1	1.728×10^{3}	20.828 6	2.77420×10^{2}	2.31×10^{2}
1 磅每立方尺 (lb/ft^3)	16.018 5	1.60185×10^{-2}	1.60185×10^{-2}	5.78704×10^{-4}	1	1.20536×10^{-2}	1.60544×10^{-1}	1.33681×10^{-1}
1 英吨每立方码 (UK ton/yd^3)	1.32894×10^{3}	1.328 94	1.328 94	4.80110×10^{-2}	8.29630×10	1	13.319 2	11.090 5

续表

已知单位	所求单位							
	kg/m³	kg/L	t/m³	lb/in³	lb/ft³	UK ton/yd³	lb/UK gal	lb/US gal
1 磅每英加仑(lb/UK gal)	9.977 63 ×10	9.977 63 ×10⁻²	9.977 63 ×10⁻³	3.604 65 ×10⁻³	6.228 83	7.507 97 ×10⁻²	1	8.326 74 ×10⁻¹
1 磅每美加仑(lb/US gal)	1.198 20 ×10²	1.198 26 ×10⁻¹	1.198 26 ×10⁻¹	4.329 00 ×10⁻³	7.480 52	9.016 70 ×10⁻²	1.200 95	1

表 19　质量流量单位换算系数表

已知单位	所求单位					
	kg/s	t/h	t/min	kg/h	ton/h	US ton/h
1 千克每秒(kg/s)*	1	3.6	0.06	3.6×10³	3.543 15	3.968 32
1 吨每[小]时(t/h)*	2.777 78 ×10⁻¹	1	1.666 67 ×10⁻²	1×10³	9.842 07 ×10⁻¹	1.102 31

续表

已知单位	所求单位					
	kg/s	t/h	t/min	kg/h	ton/h	US ton/h
1 吨每分 (t/min)*	16.666 7	60	1	6×10^{4}	5.905 24 $\times10$	6.613 86 $\times10$
1 千克每[小]时(kg/h)*	2.777 78 $\times10^{-4}$	1×10^{-3}	1.666 67 $\times10^{-5}$	1	9.842 07 $\times10^{-4}$	1.102 31 $\times10^{-3}$
1 英吨每[小]时(ton/h)	2.822 36 $\times10^{-1}$	1.016 05	1.693 42 $\times10^{-2}$	1.016 05 $\times10^{3}$	1	1.12
1 美吨每[小]时(US ton/h)	2.519 96 $\times10^{-1}$	9.071 85 $\times10^{-1}$	1.511 98 $\times10^{-2}$	9.071 85 $\times10^{2}$	8.928 59 $\times10^{-1}$	1

表 20　体积流量单位换算系数表

已知单位	所求单位						
	m^3/s	L/s	m^3/h	ft^3/s	ft^3/h	UK gal/s	US gal/s
1 立方米每秒 (m^3/s)*	1	1×10^{-3}	3.6×10^{-3}	3.531 47 $\times10$	1.271 33 $\times10^{5}$	2.199 69 $\times10^{2}$	2.641 72 $\times10^{2}$

续表

已知单位	所求单位						
	m^3/s	L/s	m^3/h	ft^3/s	ft^3/h	UK gal/s	US gal/s
1升每秒(L/s)*	1×10^{-3}	1	3.6	$3.531\,47\times10^{-2}$	$1.271\,33\times10^{2}$	$2.199\,69\times10^{-1}$	$2.641\,72\times10^{-1}$
1立方米每[小]时(m^3/h)*	$2.777\,78\times10^{-4}$	$2.777\,78\times10^{-1}$	1	$9.809\,63\times10^{-3}$	$3.531\,47\times10$	$6.110\,25\times10^{-2}$	$7.338\,11\times10^{-2}$
1立方英尺每秒(ft^3/s)	$2.831\,68\times10^{-2}$	28.316 8	$1.019\,41\times10^{2}$	1	3.6×10^{3}	6.228 83	7.480 51
1立方英尺每[小]时(ft^3/h)	$7.865\,79\times10^{-6}$	$7.865\,79\times10^{-3}$	$2.831\,68\times10^{-2}$	$2.777\,78\times10^{-4}$	1	$1.730\,23\times10^{-3}$	$2.077\,92\times10^{-3}$
1英加仑每秒(UK gal/s)	$4.546\,09\times10^{-3}$	4.546 09	$1.636\,592\times10$	$1.605\,44\times10^{-1}$	$5.779\,584\times10^{2}$	1	1.200 95
1美加仑每秒(US gal/s)	$3.785\,41\times10^{-3}$	3.785 41	$1.362\,748\times10$	$1.336\,81\times10^{-1}$	$4.812\,516\times10^{2}$	$8.326\,74\times10^{-1}$	1

索　引

一、中文索引

A

安全超高 …… 71
安全系数 …… 38
氨氮浓度 …… 71

B

半径 …… 38
保证水位 …… 71
贝克来数 …… 6
比，质量热容比 …… 38
比表面积，比面积 …… 6
比焓，质量焓 …… 38
比降 …… 6
比内能 …… 38
比能，质量能 …… 38
比热[容]
比热力学能，质量热力学能，比内能 …… 39
比热容 …… 39
比熵 …… 39
比湿 …… 71
比体积 …… 39
比转速 …… 16
闭门力 …… 71
边界层厚度 …… 16
表面力 …… 16
表面张力，泊松数 …… 6
波［浪］能 …… 17
波［浪］阻力，兴波阻力 …… 72
波长 …… 39
波高 …… 72
波浪浮托力 …… 16
波浪爬高 …… 72
波浪破碎水深，临界水深 …… 72
波浪周期 …… 72
波数 …… 39
波速 …… 39
波压力，浪压力 …… 17
播前灌水定额 …… 72
泊松比 …… 6

C

采样率 …… 39
残余应力 …… 40

糙率，曼宁系数 …………………… 17
侧压力系数 ………………………… 17
测点流速 …………………………… 72
掺气浓度 …………………………… 73
产沙模数 …………………………… 17
长度 ………………………………… 40
长期使用库容 ……………………… 73
超高库容 …………………………… 73
潮[水]位 …………………………… 73
潮差，潮幅 ………………………… 73
沉降量 ……………………………… 40
沉降速度，水力粗度 ……………… 73
承压水头 …………………………… 73
承载力系数 ………………………… 17
吃水深度 …………………………… 74
持续时间，历时 …………………… 40
重叠库容，结合库容 ……………… 74
重复利用率 ………………………… 74
冲击功 ……………………………… 74
冲击荷载 …………………………… 74
冲击强度 …………………………… 74
冲击韧度 …………………………… 74
冲击应力 …………………………… 74
冲击值 ……………………………… 74
冲量 ………………………………… 40
冲刷深度 …………………………… 17
出逸坡降 …………………………… 18
初生空化系数 ……………………… 18
初始下渗率 ………………………… 74
初损［量］ ………………………… 18
传热系数 …………………………… 40
船闸耗水量 ………………………… 75
船闸输水时间，（船闸灌
　泄水时间） ……………………… 75
船闸通过能力 ……………………… 75
磁场强度 …………………………… 40
磁导 ………………………………… 40
磁导率 ……………………………… 40
磁感应强度，磁通密度 …………… 41
磁化率 ……………………………… 41
磁化强度 …………………………… 41
磁通［量］ ………………………… 41
磁通势，磁动势 …………………… 41
粗糙高度 …………………………… 75

D

单井设计出水量 …………………… 75
单宽流量 …………………………… 18
单宽输沙率 ………………………… 18
单位功率 …………………………… 75
单位流量 …………………………… 75
单位能耗 …………………………… 76
单位吸水量 ………………………… 76
单位线洪峰流量 …………………… 76
单位线总历时 ……………………… 76
单位转速 …………………………… 76
堤防设计水位，堤防设计
　洪水水位 ………………………… 76
地表径流量 ………………………… 77
地表水资源量 ……………………… 77
地下径流量 ………………………… 77
地下水补给量 ……………………… 77
地下水储量 ………………………… 77
地下水降深 ………………………… 77
地下水开采量 ……………………… 77
地下水开采模数 …………………… 18

地下水可开采量 …………………… 78
地下水矿化度 ……………………… 78
地下水临界深度 …………………… 19
地下水埋深 ………………………… 78
地下水排水模数 …………………… 19
地下水资源量 ……………………… 78
地应力 ……………………………… 19
点荷载强度 ………………………… 41
电场强度 …………………………… 41
电导率 ……………………………… 42
电动势 ……………………………… 42
电荷［量］ ………………………… 42
电荷面密度 ………………………… 42
电荷体密度 ………………………… 42
电抗 ………………………………… 42
电力负荷，电力负载 ……………… 78
电流 ………………………………… 42
电流密度 …………………………… 43
电能利用率 ………………………… 78
电容 ………………………………… 43
电通［量］ ………………………… 43
电位，电势 ………………………… 43
电位差，电压，电势差 …………… 43
电站空化系数 ……………………… 19
电阻 ………………………………… 43
电阻率 ……………………………… 43
凋萎系数 …………………………… 19
动［力］弹性模量 ………………… 7
动冰压力 …………………………… 19
动荷载 ……………………………… 44
动量 ………………………………… 44
动量矩，角动量 …………………… 44
动摩擦系数 ………………………… 44
动能 ………………………………… 44
动水压力，动水压强 ……………… 7
动载系数，动力系数 ……………… 44
冻胀力 ……………………………… 19
冻胀量 ……………………………… 7
冻胀率 ……………………………… 44
断裂强度 …………………………… 44
断流水位 …………………………… 79
断面［单位］比能 ………………… 20
断面平均含沙量 …………………… 79
断面平均流速 ……………………… 79
断面平均水深 ……………………… 7
堆积密度 …………………………… 79
多年平均年发电量 ………………… 79
多年平均年径流量 ………………… 79

E

额定水头 …………………………… 20
额定转矩 …………………………… 79
额定转速 …………………………… 80
二次应力 …………………………… 20

F

发光强度 …………………………… 45
防洪高水位 ………………………… 80
防洪库容 …………………………… 80
防洪限制水位，汛期限制水位 …… 20
分布荷载 …………………………… 45
分子扩散系数 ……………………… 7
弗劳德数 …………………………… 7
浮标因数 …………………………… 20
浮力 ………………………………… 45
辐［射］能 ………………………… 45

附加质量 …………………… 8

G

干旱指数 …………………… 20
干缩率 …………………… 80
高程 …………………… 45
给水度 …………………… 22
给水量 …………………… 84
公差 …………………… 45
功率 …………………… 45
功率系数 …………………… 45
功率因数 …………………… 46
供电量 …………………… 80
供水量 …………………… 80
共轭水深 …………………… 8
共振频率 …………………… 8
沟壑密度 …………………… 80
构造应力 …………………… 80
固结度 …………………… 20
固结量 …………………… 21
固结系数 …………………… 21
固有频率 …………………… 8
贯入击数 …………………… 80
惯性半径 …………………… 46
惯性积 …………………… 46
灌溉保证率 …………………… 21
灌溉定额 …………………… 21
灌溉面积 …………………… 81
灌溉渠道设计流量，正常流量 …………………… 81
灌溉设计保证率 …………………… 81
灌溉水利用率，灌溉水利用系数 …………………… 21
灌溉用水量，又称毛灌溉水量 …………………… 81
灌浆压力 …………………… 21
灌水定额 …………………… 21
灌水率 …………………… 22
滚动摩擦系数 …………………… 46
过水面积 …………………… 81

H

含沙量 …………………… 8
含水率，含水量 …………………… 8
焓 …………………… 46
耗水强度 …………………… 22
合力 …………………… 46
河［流］长［度］ …………………… 82
河道比降 …………………… 82
河网密度 …………………… 82
河相系数 …………………… 22
荷载 …………………… 46
洪峰流量 …………………… 82
洪水总量 …………………… 82
后渗历时 …………………… 82
互感 …………………… 47
化学需氧量，COD …………………… 82
环境库容 …………………… 82
汇水面积 …………………… 82
混合系数 …………………… 47
混凝土保护层厚度 …………………… 83
混凝土初凝时间 …………………… 83
混凝土冻融循环次数 …………………… 83
混凝土浇筑温度 …………………… 83
混凝土龄期 …………………… 22
混凝土泌水量 …………………… 83

混凝土配合比 …………………… 83
混凝土水灰比 …………………… 84
混凝土徐变度 …………………… 22
混凝土养护时间 ………………… 84
混凝土终凝时间 ………………… 84

J

极限荷载 ………………………… 47
极限抗拉强度 …………………… 47
极限抗压强度 …………………… 47
集水面积，流域面积 …………… 84
集中力（荷载），点荷载 ………………………………… 47
剂量当量 ………………………… 48
加速度 …………………………… 48
剪力 ……………………………… 48
剪切模量 ………………………… 48
剪应力 …………………………… 48
碱度 ………………………………… 9
降水历时 ………………………… 84
降水量 …………………………… 23
降水强度 ………………………… 23
降水入渗补给量 ………………… 84
交变应力 ………………………… 49
焦距 ……………………………… 49
角加速度 ………………………… 49
角频率 …………………………… 49
角速度 …………………………… 49
接触应力 ………………………… 49
节点流量 ………………………… 85
截面二次［轴］矩，惯性矩 …………………………… 49
截面二次极惯性矩 ……………… 49
截面面积 ………………………… 50
经度 ……………………………… 50
经济可开发的水能资源 ………… 85
经济流速 ………………………… 85
警戒水位 ………………………… 23
径流模数 ………………………… 23
径流深［度］ …………………… 23
径流系数 ………………………… 23
径流总量 ………………………… 85
径污比，稀释比 ………………… 24
净水头 …………………………… 85
净吸入扬程 ……………………… 85
净雨［量］ ……………………… 86
净雨历时 ………………………… 85
静冰压力 ………………………… 24
静荷载 …………………………… 50
静摩擦系数 ……………………… 50
静水压力，静水压强 ……………… 9
静压 ……………………………… 50
局部水头损失系数 ………………… 9
距离 ……………………………… 50
绝对湿度 ………………………… 86
绝对压力，绝对压强 …………… 50

K

抗滑稳定安全系数 ……………… 24
抗剪强度 ………………………… 50
抗拉强度 ………………………… 50
抗渗等级 ………………………… 86
抗弯强度 ………………………… 51
抗压强度 ………………………… 51
柯西数 ……………………………… 9
可供水量 ………………………… 86

空化数 …………………………… 51
空化系数 ………………………… 24
空化系数 ………………………… 51
孔隙比 …………………………… 24
孔隙率 …………………………… 24
孔隙水压力 ……………………… 86
库容 ……………………………… 9
库容系数 ………………………… 24
跨度，跨长 ……………………… 51

L

拉应力 …………………………… 51
浪压力 …………………………… 86
雷诺数 …………………………… 9
雷诺应力 ………………………… 9
力 ………………………………… 51
力矩 ……………………………… 52
力矩系数 ………………………… 52
力矩因数 ………………………… 52
力偶矩 …………………………… 52
力系数 …………………………… 52
力因数 …………………………… 52
励磁电流 ………………………… 86
励磁电压 ………………………… 87
临界底坡 ………………………… 87
临界空化系数 …………………… 87
临界雷诺数 ……………………… 87
临界流速 ………………………… 87
临界水力坡降 …………………… 87
临界水深 ………………………… 87
流量 ……………………………… 10
流量系数 ………………………… 10
流速 ……………………………… 10
流速水头 ………………………… 10
流向偏角 ………………………… 87
陆面蒸发量 ……………………… 88
滤速 ……………………………… 88
露点 ……………………………… 88
落差 ……………………………… 53

M

马赫数 …………………………… 10
脉动流速 ………………………… 53
脉动流速 ………………………… 88
脉动压力，脉动压强 …………… 88
毛水头 …………………………… 88
弥散系数，离散系数 …………… 10
密实度 …………………………… 53
面［暴］雨量 …………………… 88
面积 ……………………………… 53
面积电荷，电荷面密度 ………… 53
面积电流，电流密度 …………… 53
面积矩，静面矩 ………………… 53
面积热流量，热流量密度 ……… 53
面密度，面质量 ………………… 54
面质量，面密度 ………………… 54
敏感生态需水量 ………………… 25
模型变态率 ……………………… 89
摩擦力 …………………………… 54
摩擦系数 ………………………… 54
摩尔气体常数 …………………… 10
磨损量 …………………………… 89

N

内力 ……………………………… 54
内摩擦角 ………………………… 54

能［量］ ………………………… 54
能［量水］头 ………………………… 25
能量系数 ………………………… 10
泥浆含沙量，泥浆密度 ……… 89
泥浆胶体率 ………………………… 89
泥浆失水量 ………………………… 89
年降水量 ………………………… 89
年径流量 ………………………… 90
黏聚力，凝聚力 ………………… 14
牛顿数 ………………………… 54
扭转角 ………………………… 55
农田灌溉耗水量 ………………… 90
浓度 ………………………… 55

O

欧拉数 ………………………… 11
耦合系数 ………………………… 11

P

排涝模数 ………………………… 25
排水量 ………………………… 90
排污率 ………………………… 90
排渍模数 ………………………… 25
喷灌喷洒均匀系数 ……………… 90
喷灌强度 ………………………… 90
喷射仰角 ………………………… 91
疲劳极限，持久极限 ………… 55
偏差 ………………………… 55
频率 ………………………… 55
平均后损率 ………………………… 91
平均粒径 ………………………… 11
平均粒径 ………………………… 91
平均输沙率 ………………………… 91

Q

气体比体积，气体质量
体积 ………………………… 55
气温 ………………………… 55
起点距 ………………………… 91
起动流速 ………………………… 91
前期影响雨量 ………………………… 91
潜水蒸发量 ………………………… 92
潜在需水量 ………………………… 25
切变模量 ………………………… 56
切应变 ………………………… 56
切应力 ………………………… 56
氢离子指数，酸碱度 ………… 12
曲率 ………………………… 57
曲率半径 ………………………… 57
屈服极限 ………………………… 56
屈服强度 ………………………… 56
渠床糙率 ………………………… 92
渠道断面宽深比 ………………… 92
渠道坡降 ………………………… 25
渠道设计流量 ………………………… 92
渠道输水损失 ………………………… 92
渠道水利用率，渠道水
利用系数 ………………………… 25
渠道允许不冲流速 ……………… 26
渠道允许不淤流速 ……………… 26
渠底坡降，渠道利用系数 …… 92
渠系水利用率，渠系水
利用系数 ………………………… 26

R

绕渗流量 ………………………… 93
热，热量 ………………………… 57

热导率，导热系数 …………… 57
热力学能，内能 ……………… 57
热力学温度 …………………… 57
热流［量］密度，面积热
流量 …………………………… 57
热流量 ………………………… 57
热容 …………………………… 58
热效率 ………………………… 58
热应力 ………………………… 58
热阻 …………………………… 58
容量 …………………………… 58
容许土壤流失量 ……………… 26
溶解氧浓度 …………………… 93
蠕变速率，徐变速率 ………… 26
入流量 ………………………… 93
瑞利数 ………………………… 12

S

砂料细度模数 ………………… 93
砂率 …………………………… 27
筛［孔］径 …………………… 93
熵 ……………………………… 58
设计［暴］雨量 ……………… 93
设计保证率 …………………… 93
设计洪水位 …………………… 27
设计净雨量 …………………… 93
设计频率 ……………………… 94
设计水头 ……………………… 94
设计重现期 …………………… 94
射流直径 ……………………… 94
摄氏温度 ……………………… 58
伸长率，延伸率 ……………… 59
渗流量 ………………………… 27
渗透力 ………………………… 94
渗透系数 ……………………… 12
渗透压力 ……………………… 94
升力 …………………………… 59
升力系数 ……………………… 59
生［物］化［学］需氧量，
BOD …………………………… 94
生态环境需水量 ……………… 94
生态基流 ……………………… 27
湿润断面积 …………………… 27
湿陷系数 ……………………… 27
湿周 …………………………… 28
时间 …………………………… 59
时间常数 ……………………… 12
时间间隔 ……………………… 59
势能，位能 …………………… 12
视密度，表观密度 …………… 95
视在功率 ……………………… 59
收缩系数 ……………………… 95
输沙量 ………………………… 28
输沙率 ………………………… 28
输沙模数 ……………………… 28
输移比 ………………………… 28
水泵安装高度，水泵安装
高程 …………………………… 95
水泵机械效率 ………………… 95
水泵流量 ……………………… 95
水泵输出功率 ………………… 95
水泵输入功率 ………………… 95
水泵水力效率 ………………… 28
水泵效率 ……………………… 96
水泵叶片安放角 ……………… 96
水泵轴功率 …………………… 96

水泵装置扬程 …… 96
水泵总扬程 …… 96
水的硬度 …… 59
水电站净水头 …… 96
水电站设计水头 …… 96
水电站装机容量，装机功率 … 97
水环境容量 …… 28
水灰比 …… 29
水击波速 …… 29
水胶比 …… 29
水库渗漏量 …… 97
水库水量损失 …… 97
水库蓄水量 …… 97
水库淤积年限 …… 29
水库淤沙量 …… 29
水力半径 …… 29
水力梯度，水力坡降 …… 29
水流挟沙［能］力 …… 97
水轮机安装高程 …… 97
水轮机飞逸转速 …… 30
水轮机工作水头 …… 97
水轮机机械效率 …… 98
水轮机空化系数 …… 98
水轮机空载流量 …… 30
水轮机容积效率 …… 30
水轮机设计水头 …… 98
水轮机输出功率 …… 98
水轮机输入功率 …… 98
水轮机水力效率 …… 30
水轮机效率 …… 98
水轮机有效功率 …… 98
水面比降 …… 99
水面蒸发量 …… 99
水泥水化热 …… 31
水平角 …… 60
水深 …… 60
水头 …… 12
水头损失 …… 13
水土流失面积 …… 99
水土流失治理面积 …… 99
水位 …… 13
水位变幅 …… 99
水位变率 …… 31
水温 …… 60
水压力，水压强，水的压应力 …… 13
水跃长度 …… 99
水跃高度 …… 99
水资源总量 …… 31
斯特劳哈尔数 …… 13
死库容 …… 31
死水位 …… 31
速度 …… 60
塑限 …… 31
塑性指数 …… 31
酸度 …… 13
缩限 …… 31
缩性指数 …… 32

T

坍落度 …… 32
弹性常数 …… 60
弹性模量，杨氏模量 …… 60
体［膨］胀系数 …… 61
体积 …… 61
体积电荷，电荷体密度 …… 61

体积流量 …………………………… 13
体积模量 …………………………… 61
体积吸水率 ………………………… 99
体积质量，质量密度 ………… 61
体应变 ……………………………… 61
天然含水量………………………… 100
天然密度…………………………… 100
调洪库容…………………………… 100
调节库容，有效库容，
  兴利库容………………………… 100
调节流量…………………………… 100
田间持水量 ……………………… 32
田间耗水量………………………… 100
田间水利用系数 ……………… 32
田间需水量 ……………………… 32
挑距 ………………………………… 32
通航保证率………………………… 100
通航流量…………………………… 101
通航流速…………………………… 101
通航期……………………………… 101
通航水深…………………………… 101
土的干密度………………………… 101
土的内摩擦角……………………… 101
土的外摩擦角……………………… 101
土的相对密度 …………………… 32
土粒比重 ………………………… 33
土壤饱和含水量，全持水量
  ………………………………… 101
土壤含水量，土壤含水率 …… 102
土壤侵蚀厚度……………………… 102
土壤侵蚀模数 …………………… 33
土壤渗吸速度，土壤入渗率
  ………………………………… 102
土壤相对湿度 …………………… 33
土壤蒸发量………………………… 102
推移质输沙量……………………… 102
推移质输沙率……………………… 102

W

弯曲应力 ………………………… 62
韦伯数 …………………………… 13
位能 ……………………………… 62
位置水头 ………………………… 62
尾水位……………………………… 102
纬度 ……………………………… 62
温度应力 ………………………… 62
紊动剪力 ………………………… 33
紊动扩散系数 …………………… 14
紊动强度 ………………………… 33
稳定数 …………………………… 62
蜗壳包角…………………………… 102
污染负荷量………………………… 103
无功功率 ………………………… 62
物距 ……………………………… 62
物质的量 ………………………… 62

X

吸出高度…………………………… 103
细度模数 ………………………… 33
下渗强度，入渗强度 ………… 103
下渗容量 ………………………… 34
线［膨］胀系数 ………………… 63
线应变，相对变形 …………… 63
相对［质量］密度 ……………… 63
相对湿度 ………………………… 14
相对压力，相对压强 ………… 63
相关系数 ………………………… 63

像距 …………………………… 63
消落深度，工作深度 ………… 103
校核洪水位 ………………… 23
效率 …………………………… 63
楔形库容 ………………………… 103
谢才系数 ……………………… 34
兴利库容 ……………………… 34
兴利水位 ……………………… 34
行近流速 ………………………… 103
休止角 ………………………… 34
虚流量 …………………………… 103
徐变速率 ………………………… 103
悬移质输沙量 …………………… 104
悬移质输沙率 …………………… 104
旋转频率，转速 …………… 63
雪压力，雪荷载 …………… 64

Y

压力，压强 ………………… 64
压力水头，压强水头 ……… 14
压实［度］ ………………… 34
压缩变形量 ………………… 64
压缩模量 ……………………… 64
压应力 ………………………… 64
淹没系数 ……………………… 35
延度 …………………………… 35
岩石饱水系数 …………………… 104
岩石软化系数 …………………… 104
沿程水头损失 ……………… 14
沿程水头损失系数 ………… 64
堰上水头 ………………………… 104
扬压力 ………………………… 35
液体压缩系数 ……………… 35
液限 …………………………… 35
液性指数 ……………………… 35
引力常数 ……………………… 65
应力 …………………………… 65
影响半径 ………………………… 104
用水量 …………………………… 104
有效波长 ………………………… 105
有效波高 ………………………… 105
有效降雨量 ……………………… 105
有效库容 ………………………… 105
有效粒径 ………………………… 105
有效应力 ……………………… 65
预见期 …………………………… 105
允许变形 ………………………… 105
允许承载力 ………………… 66
运动黏度 ……………………… 14

Z

造床流量 ……………………… 36
涨潮历时 ………………………… 106
针入度 ………………………… 36
真空磁导率 ………………… 66
真空介电常数，真空电容率 … 66
振幅 …………………………… 66
蒸发量 ………………………… 36
蒸发能力 ……………………… 36
蒸汽压力，蒸汽压强 ……… 66
正常蓄水位 ……………………… 106
正应力，法向主应力 ……… 66
直径 …………………………… 67
植被覆盖度 ……………………… 106
植被覆盖率 ……………………… 106
质量 …………………………… 67

质量焓，比焓 …………………… 67
质量力 ………………………… 15
质量流量 ……………………… 15
质量能，比能 ………………… 67
质量热力学能，比热力学能 … 68
质量热容，比热容 …………… 68
质量热容比，比热［容］比 … 68
质量熵，比熵 ………………… 68
质量体积，比体积 …………… 68
质量吸水率 …………………… 106
中值粒径，中数粒径 ………… 15
重度，重量 …………………… 68
重力加速度，标准重力加速度
………………………………… 68
重量 …………………………… 69
重现期 ………………………… 18
周期 …………………………… 69
主应力 ………………………… 69
转动惯量，惯性矩 …………… 69
转矩 …………………………… 69
转速 …………………………… 69
转速系数 ……………………… 15
自感 …………………………… 69
总库容 ………………………… 106
总水头 ………………………… 15
总有机碳量 …………………… 106
阻抗（复［数］阻抗） ……… 70
阻力 …………………………… 70
阻力系数 ……………………… 15
阻尼系数 ……………………… 70
最大时雨强度，雨力 ………… 107
最高日用水量 ………………… 107
最优含水率 …………………… 107
作物耐淹时间 ………………… 107
作物耐淹水深 ………………… 107
作物需水量 …………………… 36

（瞬时）声压 ………………… 60
［泵站］净扬程 ……………… 71
［泵站］装机功率 …………… 71
［大］气压［强］ …………… 41
［单位线］洪峰滞时 ………… 76
［调节］库容系数 …………… 32
［动力］黏度 ………………… 6
［断面］收缩系数 …………… 20
［河道］安全泄量 …………… 81
［浑］浊度 …………………… 47
［交流］电导 ………………… 48
［交流］电阻 ………………… 48
［局部］水头损失 …………… 86
［泥沙］粒径 ………………… 11
［配套］功率备用系数 ……… 90
［水泵］吸上真空高度 ……… 28
［水尺］零点高程 …………… 96
［水轮机］保证出力 ………… 29
［水轮机］公称直径 ………… 30
［体积］压缩率 ……………… 60
［有功］电能［量］ ………… 65
［有功］功率 ………………… 65
［直流］电导 ………………… 67
［直流］电阻 ………………… 67
［质量］密度，体积质量 …… 67
［作物］蒸发蒸腾量 ………… 36
VC 值 ………………………… 16

二、英文索引

A

absolute humidity ……………… 86
absolute pressure ……………… 50
acceleration …………………… 48
accleration due to gravity …………………… 68
acidity ……………………… 13
active energy ………………… 65
active power ………………… 65
aerated concentration ………… 73
age of concrete ……………… 22
airtemperature ……………… 55
alkalinity …………………… 9
allowable bearing capacity …………………… 66
allowable deformation ……… 105
alternating stress …………… 49
ammoniacal
amount of abrasion ………… 89
amount of reservoir deposits … 29
amount of substance ………… 62
amplitude …………………… 66
angle of repose ……………… 34
angle of torsion …………… 55
angular acceleration ………… 49
angular frequency …………… 49
angular velocity …………… 49
annual precipitation ………… 89
annual runoff ……………… 90
antecedent precipitation ……… 91
apparent density …………… 95
apparent power ……………… 59
approach velocity ………… 103
area moment ………………… 53
area of section ……………… 50
area of water and soil loss …………………… 99
area ………………………… 53
areal precipitation ………… 88
areic charge， surface density of charge ………… 42
areic charge ………………… 53
areic electric current ……… 53
areic heat flow rate ………… 53
areic mass ………………… 54
atmospheric pressure ……… 41
attached mass ……………… 8
available water …………… 86
average depth of cross section ………………… 7
average diameter …………… 91

B

base frequency …………………… 8
bearing capacity coefficient ……………………………… 17
bed load discharge flux ……… 102
bed load discharge ………… 102
bending stress ……………… 62

beneficial water level ………… 34
biochemical oxygen demand ……………………… 94
blade angle of pump …………… 96
bleeding capacity of concrete ……………………… 83
blow factor of down …………… 90
breaking depth of wave ……… 72
bulk density …………………… 79
bulk modulus ………………… 61
buoyancy ……………………… 45
by-pass discharge …………… 93

C

capacitance …………………… 43
carrying capacity of flow ……… 97
catchment area ………………… 82
Cauchy number ………………… 9
cavitation coefficient of turbine …………………… 98
cavitation coefficient …………… 24
cavitation coefficient …………… 51
cavitation number ……………… 51
Celsius temperature …………… 58
check flood level ……………… 23
chemical oxygen demand ……… 82
Chezy's coefficient …………… 34
closing force …………………… 71
coefficient of collapsibility ……………………………… 27
coefficient of compressibility ……………………………… 35
coefficient of consolidation ……………………………… 21
coefficient of contraction ……… 95
coefficient of dispersion ……… 10
coefficient of drag ……………… 15
coefficient of heat transfer ……………………………… 40
coefficient of lift force ………… 59
coefficient of local head loss ……………………………… 9
coefficient of molecular diffusion ……………………… 7
coefficient of permeability ……………………………… 12
coefficient of rolling friction ……………………………… 46
coefficient of turbulent diffusion ……………………………… 14
coefficient ……………………… 18
coefficient ……………………… 24
cohesion ………………………… 14
colloid factor of slurry ………… 89
common storage ……………… 74
compactness …………………… 53
competent velocity …………… 91
compressibility, bulk compressibility ……………… 60
compression modulus ………… 64

compressive strength ············ 51
compressive stress ·············· 64
concentrated load ················· 47
concentration of
concentration of dissolved
oxygen ························· 93
concentration ······················ 55
conductance (alternating
current) ························ 48
conductance (direct current)
································· 67
conductivity ······················· 42
confined water head ·············· 73
conjugate depth ··················· 8
consumption ······················· 22
contact stress ····················· 49
controlled area of water
and soil ························· 99
correlation coefficient ··········· 63
coupling factor ···················· 11
creep degree of concrete ········ 22
creep rate ······················· 103
creep rate ························· 26
critical bed slope ················· 87
critical cavitation coefficient ··· 87
critical depth of ground
water ···························· 19
critical depth ······················ 87
critical hydraulic slope ··········· 87
critical Reynolds number ········ 87
critical velocity ··················· 87
crop evapotranspiration ·········· 36
crop water requirement ·········· 36
cross section area ················ 81
cubic expension coefficient ······ 61
curing time of concrete ········· 84
curvature radius ················· 57
curvature ························· 57

D

damping coefficient ·············· 70
dead storage ······················ 31
dead water level ·················· 31
degree of compaction ············ 34
degree of consolidation ·········· 20
degree of distortion ·············· 89
delivery ratio ····················· 28
density of heat flow rate ········ 57
dependability of irrigation ······ 21
deposition velocity ··············· 73
depth of water table ·············· 78
design discharge of canal ········ 92
design flood level ················ 27
design flow of irrigation canal
································· 81
design frequency ················· 94
design head of hydroelectric
station ························· 96
design head of turbine ··········· 98
design head ······················· 94
design net rainfall ··············· 93
design probability of insurance
································· 93
design rainstorm ················· 93
design return period ·············· 94
design water level for levee ······ 76

designed well capacity ………… 75
deviation ……………………… 55
dew - point [temperature] …… 88
diameter of sediment ………… 11
diameter ………………………… 67
discharge at node ……………… 85
discharge for unit width ……… 18
discharge ……………………… 10
displacement …………………… 90
distance from initial point …… 91
distance ………………………… 50
distributed load ………………… 45
dominant formative discharge
……………………………… 36
dose equivalent ………………… 48
draft; draught ………………… 74
drag …………………………… 70
drainage modulus ……………… 25
drainage ………………………… 25
drainage-waste ratio …………… 24
drawdown of ground water …… 77
drop …………………………… 53
drought index ………………… 20
dry density …………………… 101
dry shrinkage ………………… 80
ductility ………………………… 35
duration of effective
precipitation ………………… 85
duration of flood tide ………… 106
duration of infiltration excess
……………………………… 82
duration of precipitation ……… 84
duration of submergence tolerance of
crop …………………………… 107
duration ………………………… 40
dynamic friction factor ………… 44
dynamic ice pressure ………… 19
dynamic load factor …………… 44
dynamic load …………………… 44
dynamic modulus of elasticity … 7
dynamic viscosity ……………… 6

E

ecoenvironmental water demand
……………………………… 94
ecological basic flow …………… 27
economical flow velocity ……… 85
economically feasible
hydropower resources ……… 85
effect power of turbine ……… 98
effective diameter …………… 105
effective precipitation ………… 105
effective reservoir capacity … 105
effective stress ………………… 65
effective wave height ………… 105
effective wave length ………… 105
effectiveness of electrical
energy utilization …………… 78
efficiency ……………………… 63
elastic constant ………………… 60
electric current density ……… 43
electric current ………………… 42
electric field strength ………… 41
electric flux …………………… 43
electric potential ……………… 43
electric powerload ……………… 78

electrical energy supply ········ 80
electromotive charge, quantity of electricity ··················· 42
electromotive force ·············· 42
elevation of gauge zero ··········· 96
elevation ························· 45
elongation ························ 59
energy coefficient ················ 10
energy consumption rate ········· 76
energy head ······················· 25
energy ···························· 54
ensurance probability of irrigation design ·············· 81
enthalpy ·························· 46
entropy ··························· 58
enviromental capacity of water ······························ 28
environmental reservoir capacity ·························· 82
erosion depth ····················· 17
Euler number ······················ 11
evaporation from water surface ··························· 99
evaporation potential ············ 36
evaporation ······················· 36
excitation current ················ 86
excitation voltage ················ 87
external friction angle of soil ······························ 101

F

factor of discharge ·············· 10
factor of frost heaving ··········· 44
fatigue limit ····················· 55
field moisture capacity ·········· 32
field water consumption ········· 100
field water requirement ········· 32
filling and emptying time of lock ························· 75
filtration velocity ················ 88
final setting time of concrete ··· 84
fineness modulus of sand ········· 93
fineness modulus ················· 33
flexural strength ················· 51
float factor ······················· 20
flood control capacity ··········· 80
flood control storage ··········· 100
flood peak lag time ·············· 76
flood volume ······················ 82
flow velocity ····················· 10
fluctuating pressure ············· 88
fluctuating velocity ·············· 53
fluctuating velocity ·············· 88
fluvial facies coefficient ········ 22
focal length ······················ 49
for unit width ···················· 18
force coefficient ················· 52
force factor ······················· 52
force ····························· 51
forecast time ···················· 105
freeboard storage ················ 73
freeboard ························· 71
freezing thaw number of concrete ························· 83
frequency ························ 55
friction factor ···················· 54

friction force …………………… 54
frictional head loss …………… 14
frictional loss factor …………… 64
frost-heaving capacity ………… 7
frost-heaving pressure ………… 19
Froude number ………………… 7

G

geostress ……………………… 19
gradient of effluent seepage …… 18
gradient of canal ……………… 25
gradient of canal ……………… 92
gradient ………………………… 82
gravitational constant ………… 65
gross head ……………………… 88
ground water recharge capacity ……………………… 77
ground water resources amount ……………………………… 78
ground water runoff …………… 77
ground water storage ………… 77
ground water sustainable yield ……………………… 78
ground water …………………… 18
grouting pressure ……………… 21
guaranteed output of turbine … 29
gully density …………………… 80

H

hardness of water ……………… 59
head loss ……………………… 13
hear flow rate ………………… 57
heat capacity ………………… 58
heat efficiency ………………… 58
heat, quantity
height of hydraulic jump ……… 99
height of roughness …………… 75
highest safety stage …………… 71
horizontal angle ……………… 60
hydration heat of cement ……… 31
hydraulic efficiency of turbine ……………………… 30
hydraulic efficiency of pump …… 28
hydraulic gradient …………… 29
hydraulic pressure …………… 13
hydraulic radius ……………… 29
hydraulic uplift pressure ……… 35
hydrodynamic pressure ………… 7
hydrogen ion index …………… 12
hydrostatic pressure …………… 9

I

image distance ………………… 63
impact load …………………… 74
impact strength ……………… 74
impact stress ………………… 74
impact toughness ……………… 74
impact value ………………… 74
impact work ………………… 74
impedance,(complex inpedance) ……………………… 70
impulse ……………………… 40
incipient cavitation
inclination of jet flow ………… 91
infiltration capacity …………… 34
infiltration intensity ………… 103

infiltration recharge by rainfall ········· 84
infiltration resistance index ······ 86
inflow discharge ········· 93
initial infiltration ········· 74
initial loss ········· 18
initial setting time of concrete ········· 83
input power of pump ········· 95
input power of turbine ········· 98
installed capacity (pumping station) ········· 71
(instantaneous) sound pressure ········· 60
intensity of precipitation ········· 23
intensity of water
internal force ········· 54
internal friction angle of soil ········· 101
internal friction angle ········· 54
irrigatied area ········· 81
irrigating water quota ········· 21
irrigation modulus ········· 22
irrigation water consumption ··· 90
irrigation water quota ········· 21

J

jet diameter ········· 94
jet trajectory length ········· 32

K

kinematic viscosity ········· 14
kinetic energy ········· 44

L

land evaporation ········· 88
lateral pressure coefficient ······ 17
latitude ········· 62
length of hydraulic jump ········· 99
length ········· 40
lift force ········· 59
lift of pump (pumping station) ········· 71
limiting level during flood season ········· 20
linear expansion coefficient ······ 63
linear strain ········· 63
liquid limit ········· 35
liquidity index ········· 35
load ········· 46
local head loss ········· 86
lockage water consumption ······ 75
longitude ········· 50
longterm storage capacity of reservoir ········· 73
luminous intensity ········· 45

M

Mach number ········· 10
magnetic field
magnetic flux ········· 41
magnetic induction ········· 41
magnetic susceptibility ········· 41
magnetization ········· 41
magneto motive force ········· 41
mass density, density ········· 67

mass flow rate ···················· 15
mass force ························· 15
mass ································ 67
massic energy ····················· 67
massic enthalpy ·················· 67
massic entropy ···················· 68
massic heat capacity ·············· 68
massic thermodynamic ··········· 68
massic volume ····················· 68
maximum daily mean water
consumption ·················· 107
maximum one－hour
rainfall strength ·············· 107
mean annual power production
································ 79
mean annual runoff ·············· 79
mean grain size ···················· 11
mean latter losses rate ··········· 91
mean sediment concentration
in section ······················· 79
mean sediment discharge ········ 91
mean velocity in section ········ 79
mechanical efficiency of pump
································ 95
mechanical efficiency of turbine
································ 98
median diameter ················· 15
mineralization of ground water
································ 78
mixing coefficient ················ 47
mixture proportions of concrete
································ 83
modulus of elasticity ··········· 60
modulus of exploited
modulus of ground
modulus of sediment yield ······ 17
modulus of subsurface
moisture content， water
centent ······························ 8
moisture－laden coefficient
of rock ························· 104
molar gas constant ·············· 10
moment of a couple ·············· 52
moment of force ················· 52
moment of inertia ················ 69
moment of momentum，
angular momentum ··········· 44
momentum ························· 44
mutual inductance ················ 47

N

natural density ················· 100
natural water content ··········· 100
navigation depth ················· 101
navigation discharge ············ 101
navigation lock tonnage
capacity ························· 75
navigation period ················ 101
navigation probability of
insurance ······················· 100
navigation velocity ·············· 101
net head of hydroelectric
station ·························· 96
net head ···························· 85
net positive suction head ········ 85
net rainfall ························ 86

Newton number ………………… 54
nitrogen ……………………………… 71
noload discharge of turbine …… 30
nominal diameter of runner …… 30
normal stress …………………… 66
normal water level …………… 106
nose angle of spiral casing …… 102
number of blow ………………… 80

O

object distance ………………… 62
oblique angle of flow ………… 87
of crop ………………………… 25
of heat ………………………… 57
optimum moisture content …… 107
output power of pump ………… 95
output power of turbine ……… 98

P

particle ………………………… 33
peak discharge of unit
hydrograph ………………… 76
peak discharge ………………… 82
Peclet number ………………… 6
penetration …………………… 36
period, periodic time ………… 69
permeability of vacuum ……… 66
permeability …………………… 40
permeance ……………………… 40
permissible drawdown ……… 103
permissible noneroding
velocity in canal …………… 26
permissible nonsilting
velocity in canal …………… 26
permittivity of vacuum ……… 66
phreatic water evaporation …… 92
placing temperature ………… 83
plant cavitation coefficient …… 19
plastic index …………………… 31
plastic limit …………………… 31
point load strength ………… 41
Poisson ratio ………………… 6
pollution load amount ……… 103
pore water pressure ………… 86
porosity ………………………… 24
position head ………………… 62
potential difference, tension … 43
potential energy ……………… 12
potential energy ……………… 62
potential evapotranspiration
power coefficient …………… 45
power factor ………………… 46
power installed of hydroelectric
power station ……………… 97
power …………………………… 45
precipitation ………………… 23
preseeding irrigation duty …… 72
pressure head ………………… 14
pressure ………………………… 64
principal stress ……………… 69
product of inertia …………… 46
pump discharge ……………… 95
pump efficiency ……………… 96
pump head …………………… 96

R

radiant energy …… 45
radius of inertia …… 46
radius of influence …… 104
radius …… 38
range of stage …… 99
rated head …… 20
rated load torque of motor …… 79
rated speed …… 80
ratio of bottom width to water depth in canal …… 92
ratio of the massic heat capacity …… 68
ratio of the specific heat capacity …… 38
Rayleigh number …… 12
reactance …… 42
reactive power …… 62
recurrence interval …… 18
regulated discharge …… 100
regulating storage …… 100
regulating storage …… 34
regulation storage relative density of soil …… 32
relative density …… 63
relative humidity …… 14
relative pressure …… 63
relative soil moisture …… 33
repeating utilization factor …… 74
repetency，wavenumber …… 39
reservoir leakage …… 97
reservoir storage …… 97
reservoir water loss …… 97
residual stress …… 40
resistance (alternating current) …… 48
resistance (direct current) …… 67
resistance …… 43
resistivity …… 43
resonance frequency …… 8
resultant …… 46
revolution speed …… 69
Reynolds number …… 9
Reynolds stress …… 9
river density …… 82
river length …… 82
rotational frequency …… 63
roughness of canal bed …… 92
roughness …… 17
runaway speed of turbine …… 30
runoff coefficient …… 23
runoff depth …… 23
runoff modulus …… 23
runoff volume …… 85
rupture strength …… 44

S

safety coefficient against sliding …… 24
safety discharge …… 81
safety factor …… 38
sampling frequency …… 39
sand ratio …… 27

saturated water content ……… 101
second moment of area, second axial moment of area ……… 49
secondary stress ……… 20
secondpolar axial moment of area ……… 49
(section) contraction coefficien ……… 20
sediment concentration of slurry ……… 89
sediment concentration ……… 8
sediment discharge ……… 28
sediment runoff modulus ……… 28
sediment transport rate ……… 28
seepage discharge ……… 27
seepage force ……… 94
seepage pressure ……… 94
self inductance ……… 69
setting height of pump ……… 95
settlement due to consolidation ……… 21
settlement ……… 40
shaft power of pump ……… 96
shear modulus ……… 48
shear modulus ……… 56
shear strain ……… 56
shear stress ……… 48
shear stress ……… 56
shear ……… 48
shrinkage index ……… 32
shrinkage limit ……… 31
sieve diameter ……… 93
slope ……… 6
slump ……… 32
snow load ……… 64
softening coefficient of rock ……… 104
soil erosion depth ……… 102
soil erosion modulus ……… 33
soil evaporation ……… 102
soil infiltration velocity ……… 102
soil loss tolerance ……… 26
soil moisture content ……… 102
span ……… 51
spare coefficient of power ……… 90
specific energy in section ……… 20
specific energy, massic energy ……… 38
specific enthalpy ……… 38
specific entropy ……… 39
specific gravity of soil
specific heat capacity ……… 39
specific humidity ……… 71
specific internal energy ……… 38
specific speed of hydraulic turbine ……… 16
specific surface ……… 6
specific thermodynamic energy ……… 39
specific volume of gas, massic volume of gas ……… 55
specific volume ……… 39
specific yield ……… 22
speed factor ……… 15
sprinkler irregation intensity … 90

stability number ………………… 62
stage fluctuation rate ………… 31
stage of zero flow ………………… 79
stage，water level …………… 13
static friction factor …………… 50
static ice pressure ……………… 24
static load ……………………… 50
static pressure ………………… 50
static suction head …………… 103
storage coefficient ……………… 32
storage ………………………… 9
strength ………………………… 40
stress …………………………… 65
Strouhal number ……………… 13
submergence coefficient ……… 35
suction vacuum lift [pump] … 28
surface density，areic mass …… 54
surface force …………………… 16
surface runoff ………………… 77
surface tension ………………… 6
surface water resources
amount ……………………… 77
suspended load discharge …… 104

T

tailwater level ………………… 102
tangential strength …………… 50
tectonic stress ………………… 80
tensile strength ………………… 50
tensile stress …………………… 51
the sensitive ecological
water demand ……………… 25
thermal conductivity …………… 57
thermal resistence ……………… 58
thermal stress ………………… 58
thermal stress ………………… 62
thermodynamic energy ………… 57
thermodynamic temperature … 57
thickness of boundary layer …… 16
thickness of concrete protective
layer ………………………… 83
tidal level ……………………… 73
tidal range ……………………… 73
time constant of an
exponentially ……………… 12
time interval …………………… 59
time …………………………… 59
tolerance ……………………… 45
torque coefficient ……………… 52
torque factor …………………… 52
torque ………………………… 69
total amount of water
resources …………………… 31
total compression ……………… 64
total duration of unit
hydrograph ………………… 76
total head ……………………… 15
total organic carbon ………… 106
total quantity of suspended
load discharge ……………… 104
total storage ………………… 106
totalload discharge turbidity … 47
turbine efficiency ……………… 98
turbine net head ……………… 97
turbine setting ………………… 97
turbulent intensity …………… 33

turbulent stress ························ 33

U

ultimate compressive strength ························ 47
ultimate life of reservoir ········ 29
ultimate load ························ 47
ultimate tensile strength ········ 47
uniformity of sprinkler irrigation ························ 90
unit discharge ························ 75
unit power ························ 75
unit rotational revolution ········ 76
unit weight ························ 58
unit weight ························ 68

V

vegetation coverage degree ··· 106
vegetation coverage rate ········ 106
velocity at a point ················ 72
velocity head ························ 10
velocity ························ 60
vibrating compacted value ······ 16
virtual discharge ················ 103
void ratio ························ 24
volume flow ························ 13
volume strain，bulk strain ······ 61
volume water absorption ········ 99
volume ························ 61
volumetric efficiency of turbine ························ 30
volumic charge，volume density of charge ················ 42
volumic charge ························ 61
volumic mass ························ 61

W

warning stage ························ 23
water absorbing capacity ········ 76
water absorption ················ 106
water binder ratio ················ 29
water cement ratio of concrete ························ 84
water cement ratio ················ 29
water conveyance losses in canal ························ 92
water demand for irrigation ······ 81
water depth of submergence tolerance of crop ·············· 107
water depth ························ 60
water drainage ························ 19
water efficiency in canal system ························ 26
water efficiency in canal ········ 25
water efficiency of irrigation ··· 21
water hammer wave speed ······ 29
water head of pump ·············· 96
water head ························ 12
water level of flood control ······ 80
water loss of slurry ·············· 89
water supply discharge ········ 84
water supply ························ 80
water surface slope ·············· 99
water use efficiency in field ······ 32
water use ························ 104
water vapour pressure ·············· 66
watershed area ························ 84

watertemperature ………………… 60
wave buoyancy force …………… 16
wave drag ……………………… 72
wave energy …………………… 17
wave height …………………… 72
wave length …………………… 39
wave period …………………… 72
wave pressure ………………… 17
wave pressure ………………… 86
wave run－up ………………… 72
wave speed …………………… 39
Weber number ………………… 13
wedge storage ………………… 103
weight ………………………… 69
weir head ……………………… 104
wetted area …………………… 27
wetted perimeter ……………… 28
wilting coefficient …………… 19

Y

yield limit …………………… 56
yield of ground water ………… 77
yield point …………………… 56